U0857368

中国计量大学经济与管理学院特色文库工程资助项目

质量工程学基础

——质量损失函数理论、方法及应用

张月义◎著

FOUNDATION OF QUALITY ENGINEERING

THEORY, METHOD AND APPLICATION OF QUALITY LOSS FUNCTION

中国质量标准出版传媒有限公司
中　国　标　准　出　版　社

北　京

图书在版编目（CIP）数据

质量工程学基础：质量损失函数理论、方法及应用/张月义著.
—北京：中国质量标准出版传媒有限公司，2019.5
ISBN 978-7-5026-4711-7

Ⅰ.①质… Ⅱ.①张… Ⅲ.①质量管理学-基本知识
Ⅳ.①F273.2

中国版本图书馆CIP数据核字（2019）第062571号

中国质量标准出版传媒有限公司
中　国　标　准　出　版　社 出版发行
北京市朝阳区和平里西街甲2号（100029）
北京市西城区三里河北街16号（100045）
网址：www.spc.net.cn
总编室：（010）68533533　发行中心：（010）51780238
读者服务部：（010）68523946
北京九州迅驰传媒文化有限公司印刷
各地新华书店经销

*

开本700×1000　1/16　印张14.25　字数152千字
2019年5月第一版　2019年5月第一次印刷

*

定价：55.00元

前言

世界著名质量管理专家朱兰（Joseph M. Juran）指出："21 世纪是质量的世纪"。

党的十九大报告明确指出："我国经济已由高速增长阶段转向高质量发展阶段"。中共中央、国务院发布的《关于开展质量提升行动的指导意见》，是响应习近平总书记关于"下最大力气抓全面提高质量"的重要战略行动计划，标志着我国真正进入高质量发展时代。高质量发展离不开质量工程技术的支撑，在我国迈入高质量发展时代的背景下，作为质量强国建设主体的企业，势必面临巨大机遇与挑战，而无论是以提升产品质量水平为目标，还是旨在增强企业质量效益，如何将经济效益与质量结合起来客观评价质量水平是不可避免的焦点话题。

质量损失函数是"田口质量工程学"的重要工具，也是"田口方法"的重要内容之一，在国际上有着非常广泛的应用，尤其是在产品质量水平评价、参数设计等领域起着不可替代的作用。20 世纪 60 年代末期，田口先生又将自己创立的“田口方法”应用到测量领域，形成了一门独特的学科——测量质量工程学。针对测量系统校准周期问题，田口先生根据仪器本身使用的频率、校准费用、维护费用以及因本身质量问题可能带来的损失等因素，设计了校准系统损失函数，以此确定相应的校准周期。虽然，田口方法在工业企业实践中已有较好的应用实例并占据一定地位，但作者在前期研究中发现田口质量损失函数等相关理论本身还存在一些有待完善的地方。正是由于田口方法本身存在的不完善之处，致使其自诞生起，就遭受着学术界的广泛争议，这在一定程度上必然会影响到工业企业使用田口方法的积极性。但是，田口先生提出的“质量波动总是存在的，波动越大损失越大”的理念是正确的，因此，学者们试图去完善田口质量损失函数相关理论。

本书共包含7章内容：第1章介绍研究背景、思路与方法；第2章介绍田口方法和质量损失函数的发展概况及其研究现状；第3章介绍质量损失函数的经典理论及其方法应用；第4章介绍质量损失函数的改进、动态特性质量损失函数和产品分等级情形的质量损失函数设计；第5章介绍反馈控制系统质量损失函数的改进及其应用；第6章介绍测量系统质量损失函数包括测量系统误差损失函数和校准系统损失函数的改进及其应用；第7章介绍了结论与展望。本书作者基于实践经验，以真实的质量管理案例验证质量损失函数原理、方法在质量工程学领域的应用，为系统而准确地应用质量工程技术解决质量管理现实问题提供帮助。全书内容主要源自作者的博士论文，得到了博士生导师韩之俊教授的全方位指导。在本书出版过程中，中国计量大学宋明顺教授也对本书的内容提出了一些建议。本书也包括李理想、应靖鸿、虞岚婷等研究生的部分研究成果，应靖鸿、虞岚婷还做了大量文档编辑工作。

本书可供质量管理、工程技术等相关领域从业人员使用，也可供质量管理工程相关学科的教师与研究生使用。

本书没有也不可能完全包括当前在此领域内最新的研究成果和发展。如果本书能够起到抛砖引玉的作用，作者就十分欣慰了。受作者水平限制，并且国内外学者对质量工程学内容不断补充和更新，书中可能有不妥和疏漏之处，恳请广大读者批评指正。

著 者

2019 年 3 月

目　录

1
绪 论

本章从研究背景开始，介绍了质量损失函数相关理论、方法的研究目的和意义，提出了本书的主要研究内容和各章节的逻辑框架，并且阐述了本书的研究思路。

1.1 研究背景

世界著名质量管理专家朱兰(Juran)曾经说过:“20 世纪是生产力的世纪,21 世纪必将以质量的世纪载入史册,质量将成为和平占有市场最有效的武器,成为社会发展的强大驱动力”。我国政府历来高度重视质量,尤其是党的十八大明确提出要“切实把推动发展的立足点转到提高质量和效益上来”,党中央、国务院围绕“以提高发展质量和效益为中心”,出台了一系列重要的方针政策,党和国家领导人也对质量问题发表了一系列重要的论述。从 2014 年首届中国质量(北京)大会上提出要“把经济社会发展推向质量时代”,2017 年,中共中央、国务院发布《关于开展质量提升行动的指导意见》,党的十九大明确提出建设质量强国,我国经济已由高速增长阶段转向高质量发展阶段,经济社会发展正逐步实现由速度时代向质量时代的转变。在高质量发展时代的大背景下,作为质量强国建设主体的企业,势必要将质量水平提升作为企业发展的重要目标之一。这就需要企业具备质量水平评价的能力,进而为其提升质量水平提供理论依据。

20 世纪 60 年代,日本著名质量工程学家田口玄一(Genichi Taguchi,以下称为田口先生)首先把产品质量与经济损失联系在一起,提出“质量是通过质量损失的大小反映的,产品造成的损失越小，其质量也就越好”的观点，并通过二次质量损失函数对产品质量进行定量描述。田口先生的质量损失概念为企业的质量水平评价提供了全新思路，也为产品的质量改进指明了具体方向。质量损失函数是田口质量工程学的重要工具，也是“田口方法”的重要内容之一，在国际上有着非常广泛的应用，尤其是在产品质量水平评价、参数设计等领域起着不可替代的作用。在我国一些经济发达的地区，如深圳、苏州、上海等地，工业企业往往借助于田口方法加强质量管理。目前，浙江温州和宁波已经有部分企业尝试将田口方法应用到质量管理实践中。20 世纪 60 年代末期，田口先生在不断完善和丰富田口方法的基础上，逐步将其应用于测量领域，并形成了一门相对独立的学科——测量质量工程学。该学科基于田口方法基本理论，主要包括测量误差评价、测量系统校准等核心内容。目前，在日本、新加坡、我国台湾和香港地区，以田口先生为代表的测量质量工程学在计量领域占据着主导地位。

在实践中，田口方法已经积累了大量的成功案例，在帮助很多企业提升研发质量、缩短研发周期方面发挥了积极的作用。但是，由于田口方法理论本身存在的一些不严谨之处，致使其受到很多理论工作者的质疑。近年来，关于质量损失函数等相关理论的研究讨论较多，但这些研究无一例外都是在接受忽略一次项和高次项而只用二次项表示质量损失函数的前提条件下进行的，作者认为在望小特性和望大特性情况下，单纯应用二次项质量损失函数是不妥当的。另外，对于产品分等级的场合或是质量特性为百分比的情形，现有的质量损失函数也是不适用的。同时，现有的田口质量损失函数是针对静态特性的，但实践中，质量特性的目标值有时会随信号因子的变化而变化，这种特性属于质量工程学中的动态质量特性，动态质量特性情形下质量损失函数的设计也是本书研究的重点内容之一。在测量领域，测量误差的大小实际上反映的是测量质量的水平，因此也可以借鉴质量损失函数来评价测量的质量。此外，在测量系统分析中，测量对象可能是静态的，而现实中的被测量往往不是固定的，但目前对测量误差损失函数的研究也仅仅停留在静态测量上，动态测量情况下的测量误差损失函数的研究尚不多见。测量设备的校准周期也是人们长期研究的一个问题，田口先生通过建立校准系统损失函数确定合理的校准周期。田口校准系统损失函数是在考虑校准费用、调整费用以及测量误差等因素的基础上，并基于测量误差在管理界限内服从均匀分布展开研究，但因校准和调整造成停工而产生的利润在损失函数中没有考虑。针对田口质量损失函数存在的这些问题，本书借鉴前人的研究，利用作者前期研究的成果，探索并完善现有的质量损失函数理论，并且试图通过现实情况的应用来验证其实际效果。

1.2 研究目的和意义

田口质量损失函数相关理论对如何评价产品质量水平和实际经

济效益的提高有着极大的理论和现实意义。实践中，经常出现应用不合格品率或过程能力指数评价产品质量的结果显示很不错，但实际上却给企业的后续工作带来很多麻烦，也给顾客造成较大的损失。相对而言，田口质量损失函数在衡量和评价质量方面具有更好的效果。在现有的对田口质量损失函数的研究中，不管是望目质量特性，还是望小或望大质量特性，都是假定其二次项质量损失函数是成立的。对望目质量特性而言，其过程均值是有可能达到目标值的，因此，可以忽略一次项。不过，对于望小质量特性而言，虽然其目标值是0，但实际上永远只能达到非常小而不可能完全等于0，所以此时一次项的损失不能完全忽略。望大质量特性的情况也是如此，其目标值可以理解为越大越好，但实际上也不可能达到无穷大，故一次项的损失也不能完全忽略。因而，我们如果仍然应用二次项质量损失函数对望小特性和望大特性进行质量评价就有可能做出错误的决策。田口的二次项质量损失函数也没有考虑到产品分等级的情况，这与实践中很多领域的产品往往是分等级的现实不符。除此之外，现有的质量损失函数是针对静态质量特性的，但有时质量特性的目标值会随信号因子的变化而变化，这种质量特性称为动态特性，动态特性的质量损失函数并未引起学术界的关注，而实践中各行各业都存在一些动态特性的情况，如染料的染色性能、轧钢机轧制钢板的厚度、车床对零件的切削深度等都是产品中的动态特性，本书也对动态特性的损失函数进行了研究。

现代质量管理追求的是结果，同时也关注过程。“过程方法”是质量管理七项原则之一，过程控制领域诞生了很多过程控制技术。传统的控制技术是基于休哈特(Shewhart)控制思想提出的，即通过控制两类错误所造成损失的大小来设计控制图控制界限，而在田口线内质量管理理论中，通过工序反馈控制系统进行控制，工序反馈控制系统在考虑测量费用、调整费用以及失控品损失等因素的基础上，确定了反馈控制系统损失函数，再应用最小二乘法得出反馈控制系统的最佳管理界限和最佳抽样间隔的控制技术方法。这种方法目前在实践中有较为广泛的应用，尤其是在多品种小批量的情况下，传统的统计过程控制理论并不适用，而反馈控制系统损失函数则比较适用。但是，田口先生设计的反馈控制系统损失函数还存在一些不完善之处，这不仅会影响到企业使用这些方法的实际效果，还有可能导致大量不良品的产生，也能在一定程度上打消由于受到理论方面的质疑会影响工序反馈控制系统广泛应用的疑虑。

针对测量系统，需要探究的是测量系统的测量误差和校准。在传统的测量领域，通常用测量误差的标准差或测量结果不确定度来衡量测量质量的优劣，而在田口先生创建的测量质量工程学中，选择用测量误差损失函数来反映测量质量。目前的测量误差损失函数基本上都是针对静态测量，即被测量是固定不变的，但在实际的测量过程中，被测量往往是动态变化的。此时，还需要为测量人员提供评价动态测量情况下测量质量优劣的方法。测量设备或测量系统的校准分周期校准和日常校准两种。在我国，原来参照国外早先的做法并结合经验，规定了绝大多数测量系统的校准周期为一年，这个规定周期本身并无多大理论依据，而现行颁布的校准规范为了与国际接轨，不再对校准周期进行统一规定，改由各个生产厂家和研究机构根据具体情况自行设定，这种校准周期设定方法导致了两种结果：一种是以相关的检定规程为参考依据，规定仪器的校准周期为一年；另外一种则是，为了节省费用，任意延长校准周期。但以上两种做法都不能充分保证仪器在使用过程中的测量数据质量。为了确保测量质量，必须根据仪器本身使用的频率、校准费用、维护费用以及因本身质量可能带来的损失等因素制定相应的校准周期，只是传统的 MSA(测量系统分析)尚没有给出解决方案。校准系统损失函数是田口测量质量工程学中的重要内容，在线内质量管理活动中发挥着重要的作用。校准系统损失函数基本结构与反馈控制系统损失函数较为相似，同时也存在一些有待进一步完善的地方。如果继续使用现有的田口校准系统损失函数，一方面，可能会给企业造成更多的损失或者减少收益；另一方面，也会引发更多学者对田口方法的质疑，从而影响广大企业或计量人员推广使用这种方法的积极性。

综上所述，本书对典型质量损失函数、产品分等级质量损失函数、反馈控制系统损失函数和测量系统损失函数的研究具有一定的理论研究意义和较强的实用价值。

1.3 本书的研究内容

本书将要实现的研究目标主要有：

(1)针对典型质量损失函数，改进望大特性、望小特性质量损失函数；

(2)建立动态质量特性质量损失函数模型；

(3)针对产品分等级的情形，设计产品分等级质量损失函数；

(4)分析线内质量控制系统存在的问题，优化反馈控制系统质量损失函数，并优化反馈控制系统；

(5)设计测量误差损失函数，并建立动态测量情况下已知信号因子(测量标准)和未知信号因子(测量实物)的测量误差损失函数；

(6)在研究传统测量系统校准周期的基础上，对校准系统损失函数进行拓展。

基于上述研究目标，本书的主要研究内容如下：

(1)典型质量损失函数的改进。在目前研究田口质量损失函数的文献里，几乎无一例外地用一个二次项表示质量损失，既略去一次项，又略去了高次项的方法，这对于望小特性和望大特性而言是不妥当的。实际上，对于望小特性(望大特性则相反)，总是有 $y_i>0$，$\bar{y}>0$，即质量特性值落在 0^+ 的某个小领域内，不可能达到极小点(零质量特性点)，我们不能一概忽略一次项。故本书将研究在不忽略一次项情况下的望小特性和望大特性的质量损失函数形式。

(2)动态质量损失函数设计。现有的质量损失函数往往都是针对静态质量特性的，但现实中动态质量特性也很常见。因此，本书还将研究对于质量特性随信号因子变化而变化的动态特性质量损失函数，包括单个质量特性和多个质量特性两种情形。

(3)产品分等级质量损失函数设计。对于产品分等级的情形，本书将分成单纯计量值质量特性和百分比质量特性两种情况来讨论，在此基础上分别研究望目特性、望小特性、望大特性质量损失函数，并且通过实例加以验证。

(4)田口线内质量控制系统优化。在分析反馈控制系统损失函数存在问题的基础上，对现有反馈控制系统损失函数进行改进。田口先生在考虑测量费用、调整费用以及失控品损失的基础上设计了反馈控制系统损失函数，并基于该损失函数确定了反馈控制系统的最佳管理界限和最佳测量间隔。但田口先生所确定的反馈控制系统损失函数尚存在一些有待改善的地方：

①当产品失控时，将失控品的质量特性值看作全部在管理线 $m+D$ 和 $m-D$ 上。实际上，有些失控品离管理线近一点，有些离管理线远一点，这样就使得损失函数中失控品的损失比实际的损失要小些；

②受控品率 1 与失控品率 $\left(\frac{n+1}{2}+l\right)\frac{1}{u}$之和大于 100%，即损失函数中受控品率比实际的受控品率要大，这样又使得受控品质量特性值波动损失比实际情况要大些；

③当产品质量特性值超出管理界限时，就需要对工序进行调整，在对加工工序进行调整时，生产已经停止，而由停工所产生的利润减少在损失函数中并未考虑。本书将针对上述问题对田口反馈控制系统损失函数的改进展开研究，并且通过实例加以验证。

(5)动态测量误差损失函数设计。田口测量质量工程学对静态测量情况下测量误差损失函数进行了介绍，但实践中，被测量往往是动态变化的，故本书将研究动态测量情况下的测量误差损失函数的形式。此外，在工作现场，作业人员有时通过测量几个标准物质来评价测量系统，有时又通过测量几个实物来评价测量系统，这两种操作实际分别代表信号因子已知和信号因子未知的情形，两种情形下测量误差损失函数的计算有所区别，故本书还将分别研究已知信号因子(测量标准)和未知信号因子(测量实物)时动态测量的测量误差损失函数。

(6)校准系统损失函数的改进。测量设备校准系统损失函数是测量质量工程学中的重要内容，在线内质量管理活动中发挥着重要的作用。校准系统损失函数本身还存在一些不完善之处：

①当测量误差超过调整界限时，将超出调整界限的测量误差全部看作在调整界限上，这样会使这部分损失偏小；

②测量误差未超出调整界限的概率(损失函数中认为等于1)与超出调整界限的概率($\frac{n}{2}\times\frac{1}{u}$)之和大于1，即未超出调整界限的概率考虑过大，从而使这部分损失偏大；

③测量误差未超出调整界限时应该是服从正态分布，而损失函数中以均匀分布计算；

④对测量设备进行校准和调整都需要时间，这些由于校准和调整所造成的停工时间导致的利润减少在损失函数中没有考虑。故本书将研究校准系统损失函数的改进以解决这些问题。

本书的逻辑框架见图 1.1。

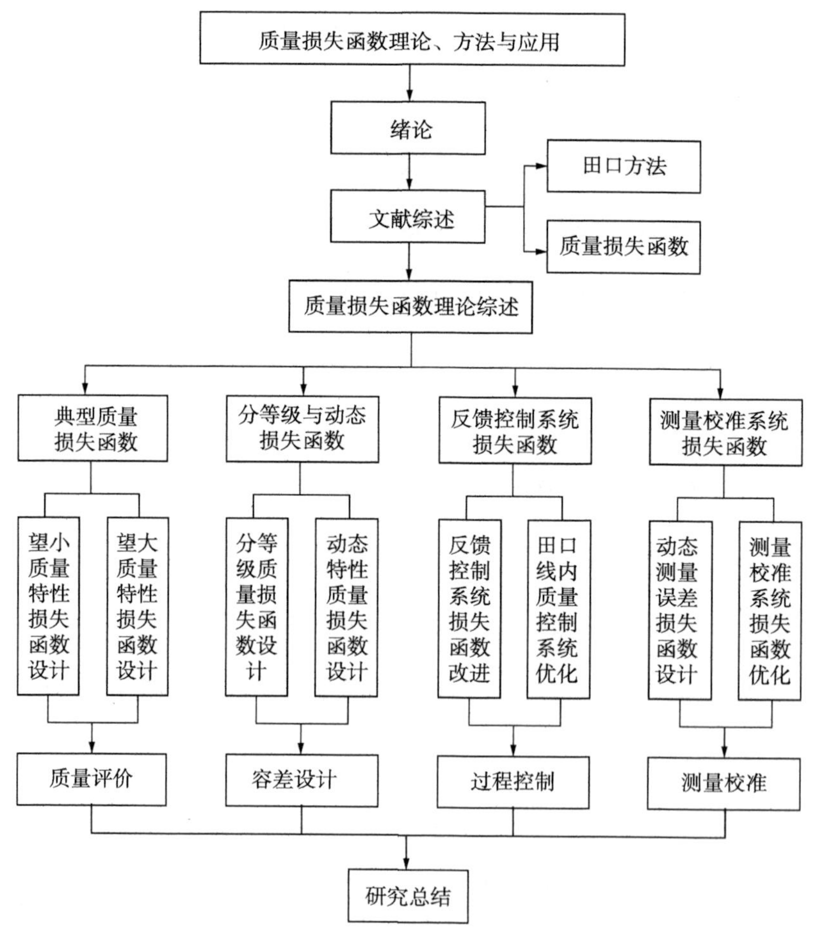

图 1.1　本书的逻辑框架图

1.4 本书的研究思路

(1)资料收集，文献阅读。大量阅读国内外已有文献资料，对已有的理论进行归纳总结，研究田口的质量观和田口质量损失函数的经典模型，并在此基础上分析和讨论典型质量损失函数、动态特性质量损失函数、产品分等级质量损失函数、反馈控制系统损失函数及测量系统损失函数存在的问题。

(2)针对望小特性和望大特性，在质量损失函数不能忽略一次项的情况下，研究一次项系数和二次项系数的确定方法；针对现有的质量损失函数是属于静态质量特性的情况，设计动态质量损失函数；对于产品分等级的情况，设计单纯计量值和百分比情形下的质量损失函数。

(3)针对反馈控制系统损失函数存在的问题，提出改进的反馈控制系统损失函数，并针对具体实际问题进行应用研究，对比分析反馈控制系统损失函数改进前后的实施效果。

(4)研究被测量为动态情况时的测量误差损失函数，包括已知信号因子(测量标准)和未知信号因子(测量实物)情况下动态测量的测量误差损失函数。

(5)分析田口校准系统损失函数存在的问题，研究改进方法及改进的校准系统损失函数，并进行实际应用研究。

1.5 本书的研究方法

(1)文献调研法

主要通过文献检索、情报收集等方法了解国内外学者关于田口质量损失函数相关理论和测量系统校准的最新研究动态，借鉴并吸收最新研究成果。

(2)实地调研法

通过进入相关企业、单位进行实地调查，掌握我国企业应用质量损失函数的现状，一方面有助于准确分析动态特性值与信号因子之间的关系，另一方面也可以获取实证研究的相关数据。

(3)深度访谈法

主要针对研究过程中遇到的问题以及取得的研究成果，向国内外有关专家、学者寻求咨询及意见。

(4)定量分析法

应用一般数学分析法、相关与回归分析法、方差分析法、最小二乘法等定量分析法，探讨不同应用场合的最佳质量损失函数模型。

(5)理论研究与实证研究相结合法

在对质量损失函数理论和测量系统损失函数理论进行完善和补充的同时，通过实际例子进行验证，实现理论与实践的统一。

2

文献综述

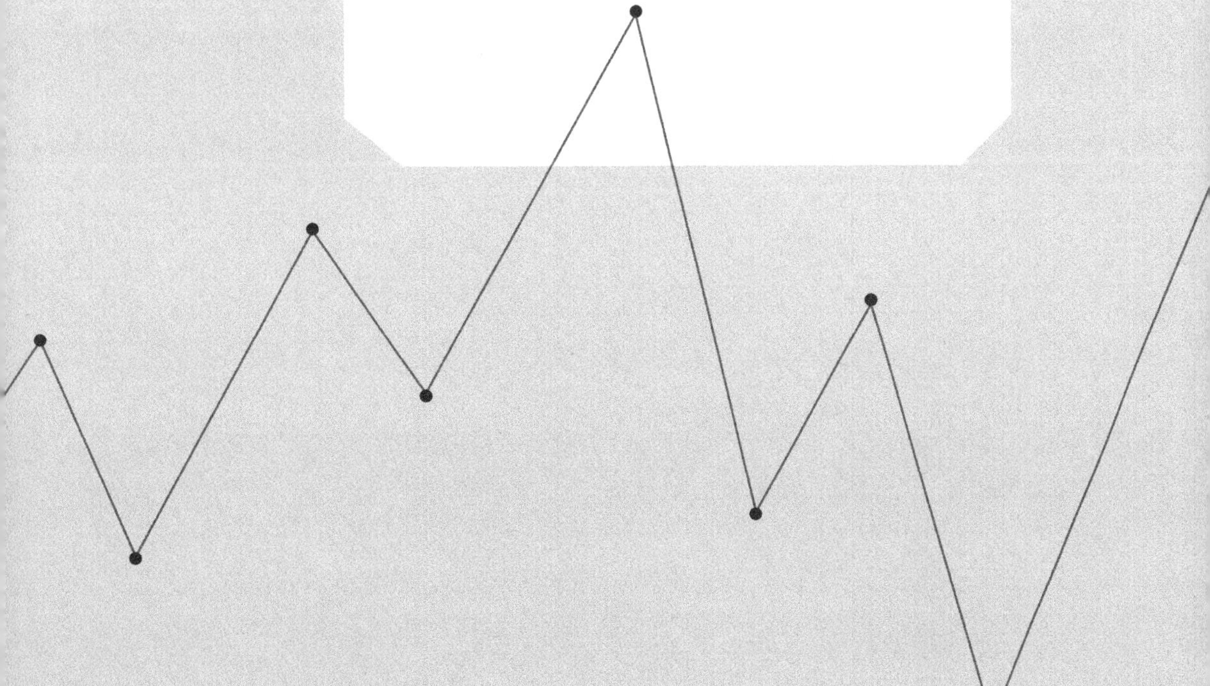

本章首先介绍了经典田口方法的发展概况及其研究现状，在此基础上，着重论述了质量损失函数理论和质量反馈控制系统的发展概况及其研究现状，为本书的撰写奠定理论基础。

2.1 田口方法的发展概况及其研究现状

田口方法是日本著名质量工程学家田口先生创立的一门学科。1942 年田口先生在当时著名的统计学家 Masuyama 教授的指导下，开始培育和发展自己的统计学技术。田口方法在 20 世纪 50 年代初初步形成，当时，田口先生受聘帮助修复战后处于瘫痪状态的日本电话系统。他发现靠传统的试差法来寻找设计中的问题存在着种种不足，于是设计了一套自己的实验设计方法。田口先生将英国学者 R. A. Fisher 用于科学种田的试验设计技术引入工业企业质量管理中，这种技术用线性代数、概率论和数理统计等数学工具对实验结果的数据进行分析处理，包括拟合模型、检验模型、计算实验统计量等。在此基础上，以田口先生为首的研究人员开发了正交表的应用技术，并把它应用于新产品和新工艺的设计，以提高或改善产品质量，正交试验设计最终发展成为产品研发或者质量改进的一种重要方法。

1950 年，田口先生在电信实验室(ECL)工作期间参与了横杆和电话开关系统的开发，田口先生利用大量的试验和数据分析机会，并总结在工业界 6 年的工作成果，出版了《试验设计与分析》和《质量工程师用试验设计》两本著作，其中后一本书更是使他获得了质量界的最高奖项——戴明奖。2 年之后，田口先生又出版了《试验设计》的第二版，并且补充了用信噪比（*S/N*）进行产品质量评价的方法。

从1965年起，田口先生在日本青山大学（Aoyama Gakuin）讲学17年，在此期间经过自身的努力和研究，创立了质量工程学。他结合工程学和统计方式，依靠完善的产品设计和优化制造过程，使成本和质量得到迅速的改进。他于1986年获得了“罗克威尔”奖章，并且由于对日本经济和工业界的卓越贡献，他还获得了日本天皇授予的兰绶褒奖。

20世纪60年代末期，田口先生将田口方法的三次设计、信噪比及质量损失函数等主要内容应用到了测量领域，并赋予新的含义，以此来评价测量系统，并逐渐形成了一门新的学科——测量质量工程学。在传统的计量方法中，测量质量的优劣由随机测量误差的标准差来表征，而田口先生所创建的测量质量工程学则用测量误差损失函数及测量特性的信噪比（*S/N*）等参数来对测量质量的优劣加以描述。这种方法在评价测量系统的优劣、开发质高价廉的测量系统、选择和配备适宜的测量设备以及如何实施计量检测才能使产品的质量特性波动降至最小等方面有着广泛的应用。在日本，由于通商产业省的大力支持和着力宣传，计量管理协会极力鼓励和帮助工程技术人员在实际中将田口方法加以应用，田口方法现已取得了良好的经济和社会效益，一批批成功应用案例更是被汇编成专辑。目前，在日本，以田口先生为代表的测量质量工程学的思想和技术方法占据着主导地位。

田口方法的魅力在于其简单易用的特性，一整套设计决策工具以及简单易懂的产品开发方法使之在现实中得到了系统而广泛的应用，为许多企业迅速生产低成本、高质量的一流产品做出了巨大贡献。据统计，日本80%的质量改进收益是由田口方法带来的。正因为田口方法简单实用且在日本取得了巨大的成功，20世纪70年代末期，西方发达国家工业界也纷纷引入田口方法。田口方法是1985年左右被引入我国的，该方法首先在兵器工业领域获得了广泛的应用，并取得了一定的成果，后又拓展到材料、生物、化学等多个学科领域的应用当中。

2.1.1 田口的质量观

质量这个词的具体含义会随着它所使用的语境而有所改变，没有一个对质量的单一定义能够包含对这个词所能表达的所有可能想法（Garvin，1984）。加尔文曾从性能、特性、可靠性、一致性、耐久性、适用性、美观性和感知质量等八个方面对产品质量做调查。他发现，产品质量某一特定方面的重要性会随着产品性质和客户需求的变化而变化。

质量的确是一个复杂而多面的概念，人们对它的认识也一直处在不断的变化中。美国的质量管理专家克劳斯比（Crosby，1979）认为谈论质量只有相对于特定的规范或要求才是有意义的，合乎规范即意味着具有了质量，而不合格自然就是缺乏质量。这种“合格即质量”的认识对于质量管理的具体做法显然是很实用的，但这种站在生产厂家的角度看质量的观点又难免会忽略顾客的需求。朱兰博士就曾从顾客的角度出发提出著名的适用性观点。朱兰（Juran，1974）指出，适用性就是产品使用过程中满足顾客要求的程度，对顾客来说，质量就是适用性，而不仅仅是符合规范。

与上述两种站在产品交付及使用双方的角度考虑质量定义不同，田口先生从经济学层面阐述了自己的质量观。田口玄一（Taguchi，1970s）依据实践经验对产品质量进行了重新定义，他认为："所谓质量，是指产品上市后给社会带来的损失，由于功能本身产生的损失除外”。这里所指的社会是指生产厂家以外的所有人；损失则包括客户的使用要求不能得到满足的部分、产品性能不能达到理想程度的部分以及产品造成的有害副作用等带来的损失，总之，由于产品性能不佳而造成的所有社会损失都应该属于产品的质量范畴。

田口先生第一次把产品质量与经济损失联系到了一起。产品从交付给客户的那一刻起所产生的社会损失就决定了产品的可取性，由于质量是通过质量损失的大小反映的，这就使得不同的产品质量具有了可比性，产品造成的损失越小，其质量也就越好。此外，田口先生还特别强调，质量损失是由波动引起的，所谓质量特性的波动就是指产品性能相对设计目标值的偏离。田口先生的质量损失概念为质量改进指明了方向，使改进目标由提高产品合格品率转为减小产品质量特性的波动。因此，田口先生的质量观具有划时代的意义。

2.1.2 田口的三次设计法

田口玄一认为产品的质量首先是设计出来的，其次才是制造、检验出来的。于是，针对提高产品设计质量这一问题，田口先生提出了三次设计方法，他指出一个产品的设计可以分三个阶段进行，即：系统设计、参数设计和容差设计。

田口的三次设计方法是建立在其“质量波动造成质量损失，波动越大，损失越大”的观点之上的。系统设计的目的在于选择一个基本模型系统，确定产品的基本结构，使产品达到所要求的功能。参数设计的基本思想是通过选择系统中各可控因子的最佳水平组合来减少各种干扰的影响，使产品输出特性的波动最小。容差设计则是在考虑各元部件的波动对产品输出特性影响以后，在不增加社会总损失的前提下，通过控制影响大的主要误差因素本身的波动来改善产品的输出特性的稳定性。不难发现，田口三次设计法的核心是控制产品输出特性的波动，其本质就是减小产品的质量损失。

作为三次设计法的核心，参数设计一直都是学者们研究和讨论的重点，表现十分活跃，涉及诸多领域。在工艺参数优化方面，参数设计被广泛应用，如焊接工艺(Jin，2018；Halil，2018；Abdollahi，2017；Thakur，2014)、塑料降解工艺(Roozbehani，2015)，在产品性能改进方面，如漂移器性能优化(Song，2017)、铸件力学性能优化(Omidiji，2015)，在质量特性影响因素分析方面，如汽车制动系统中刹车片磨损的影响因素分析(Ficici，2014)、致癌化合物生成量影响因素分析(Ghasemian，2014)、不锈钢深拉伸的影响因素分析(Lin 和 Yang，2016)等。其中，切割(Mia，2018；Chen，2009)及车削(Kirby，2006；Yadav，2017)质量的提升是最常见的应用。

稳健性设计是在田口先生提出的三次设计法上发展起来的低成本、高稳定性的产品设计方法。稳健设计理论最早在日本的汽车工业、电子工业、钢铁工业等制造领域得到广泛应用。稳健设计的应用普及极大提高了日本制造业的整体质量水平，也降低了企业经济成本，提高了产品的附加值，促使日本产品畅销全球，甚至在多个方面超越欧美，获得很强的竞争力。20 世纪 80 年代中期，该项技术传入美国，并逐渐被应用在航天、汽车、机械、食品等众多制造行业，掀起一阵热潮。20 世纪 80 年代后期，稳健设计的田口方法逐渐引入我国，首先在军工行业得到广泛应用，也取得了一些成效(黄自兴，1996)，随后又在其他行业和领域得到传播与推广。

当然，稳健设计理论发展到现在，早已不再局限于传统的田口三次设计法，而又集合了计算机设计、优化设计和辅助设计技术等新理论。一般来说，现有的稳健设计理论大致可以划分为两类(孙鹏，2006)：一是基于试验的经验或半经验的传统稳健设计方法，如田口试验方法、响应曲面法、双响应曲面法和广义模型法等；二是结合了辅助设计等理论，以工程模型为基础的工程稳健设计方法，主要包括随机模型法、容差多面体法、灵敏度法、混合稳健设计等。

无论是田口先生早期提出的三次设计方法，还是后来在此基础上进一步发展的稳健性设计方法，都在产品设计阶段的质量水平提升中发挥了重要作用。当然，这里的质量水平提升绝不仅仅指产品符合性质量和适用性质量的改进，更是包括产品波动性的减小和质量经济性的提升。

2.1.3 田口方法的研究现状

在学术界，田口方法因其多学科的交叉性和适用性受到了各领域学者的关注，众多国内外学者从事着田口方法与其他理论的集成研究。在现实中，田口方法因其简单易懂的产品开发方法得到了系统而广泛的应用，为国内外许多企业迅速生产低成本、高质量的一流产品做出了巨大贡献。

在田口的相关理论刚刚引入我国的20世纪末，韩之俊、赵众、苏强等学者在田口方法的思想普及、理论传播和应用推广等方面付出了不少努力。韩之俊(1992)主编了《三次设计》一书，书中对田口方法的线外质量管理理论做了详细介绍。此外，韩之俊教授还编著了《质量工程学》《测量质量工程学》等书籍。

田口式测量质量工程学是在田口质量观的基础上对测量质量工程学的发展，该理论从测量经济性出发，对测量质量、二次测量质量损失函数及测量质量信噪比(S/N)等进行了重新定义。田口式测量质量工程学能够成功解决一些传统测量系统分析(MSA)难以解决的测量系统分析难题，如利用典型点测量观测值推导校准公式，从而推导测量全量程的校准数据及测量不确定度；用正交设计及信噪比(S/N)分析多参量有交互效应误差因素对测量结果的影响；合理评定计量器具的最佳校准周期等(薛跃等，2006)。推行田口式测量质量工程学可以改进测量系统分析的经济性，同时在提高测量精度方面也有重要意义。

与韩之俊侧重普及田口质量工程学思想和介绍测量质量工程学理论不同，其他学者的工作主要集中在田口方法的最基本内容、各种质量观、质量定义与质量损失函数及其新观点、田口三次设计的基本概念与方法以及应用田口方法的优缺点评析等方面(陈学军，1995；赵众，1998)。同样从田口先生的质量定义出发，剖析其质量设计方法的基本原理，阐述田口质量方法的主要技术，苏强(1998)还结合实例演示了田口方法在产品质量优化中的分析过程和应用效果。相比来看，苏强所做的工作更面向实际应用，这对企业中技术工作者而言具有重要意义。

质量问题是各种浪费现象的重要成因，综合运用各种先进的管理理论和技术手段消除偏差、减少波动和建立稳健的过程是消除浪费的有效途径(徐哲、王晶，2005)，该观点在某种程度上与田口先生的质量观具有一致性。徐哲和王晶从浪费的概念与内涵出发，借助现代质量管理理论和方法对这一论点进行了系统分析，并从统计技术的角度对波动与企业不良质量损失和浪费的关系进行了描述。

田口方法是低成本、高质量、高可靠性、短开发周期和最有竞争力的产品开发方法(牛勇等，2001)。田口线内质量控制理论在小批量领域的运用，能够在一定程度上解决传统过程控制方法在小批量生产领域统计特性减弱的困境(李家翔，2009)。在质量损失衡量产品功能波动的情况下，产品功能的稳健性可由信噪比来衡量，产品参数设计时信噪比越大，则在该参数水平下的产品功能越稳健(王更新、韩之俊，2000)。他们两人对望大特性和望小特性的质量损失与信噪比之间的关系的探讨及田口参数设计的研究，对于正确应用田口技术、提高产品设计水平具有重要的意义。

有学者曾对田口方法多年来取得的进展作系统性阐述(郑称德，2002)和重点阐述(牛勇，2001)。经过几十年的应用和研究，田口方法有了新的发展。田口方法应该与可靠性工程和其他系统设计方法结合起来，取长补短，形成一体，使产品设计、制造、使用赋予完全的稳健性(赵众，1995)。最近的十几年，学术界对田口方法的研究主要有以下几个角度：将田口方法与马氏距离、QFD(质量功能展开)、RSM(响应曲面法)、TRIZ(创新问题解决理论)、神经网络模型等进行整合研究。

以马氏距离(Mahalanobis distance)作为特性指标，并结合田口方法在稳健性设计中的思想、技术而发展起来的马田系统在国内受到了部分学者的关注。众所周知，田口稳健性设计的思想和方法在理论方面是受到了数理统计学界众多批评的，但在实践上我们却又不得不承认其成功。作为田口方法在判别预测领域的典型应用，马田系统法亦是如此，如正常和异常总体的界定、田口式的正交设计(以 S/N 为主要特征)的有效性、阈值的确定等问题，更多的是依靠丰富的经验，因而马田系统法在一定范围的应用虽然相当成功但其潜力受理论限制未能充分发挥。

由此，如何将马田系统方法纳入统计理论的研究范围并吸收其他判别理论的合理内核，而又不失其在实践应用中的简便、有效性，成为马田系统法未来发展的关键(李昭阳和韩之俊，2000)。何桢(2007)曾对马氏距离和田口方法两种方法进行过比较研究。针对马田系统的若干不足，牛俊磊和程龙生(2012)提出了一种改进的马田系统优化模型，并给出了基于改进马田系统的不平衡数据分类方法。

马氏田口方法可以用来解决产品关键质量特性的识别问题，宋立斌(2010)就通过某公司 F 轴承产品关键质量特性识别的案例研究，展示了马氏田口方法在实际生产中的应用过程。马丽莎和茅健(2017)也对马氏田口法中马氏距离和田口方法在质量特性识别中的应用进行了研究。此外，马田系统在处理区间数决策向量信息以解决区间数多属性决策问题方面也具备应用意义(常志朋等，2014)。

与传统的田口方法不同，整合了马氏距离的马田系统法最主要的应用领域是在判别预测和质量评价上。马田系统可以筛选评价指标和避免指标赋权问题，是一种实用且有效的综合评价方法(牛俊磊和程龙生，2015)。丁兆国等(2013)在建立服务企业质量竞争力模型时就利用马田系统对关键影响因素进行了分析判别，叶芳羽等(2018)在工业运行质量评价研究中也应用了此方法。

QFD是设计质量管理中的重要应用工具和方法。QFD与田口方法存在某些内在联系并呈现一些机理特征要素，两种工具在保证产品设计质量方面具有极强的互补性(王伟，2006)。田口方法与QFD相结合对增强我国技术创新能力和提高质量改进水平具有一定的实践指导意义(周亮等，2003)。在运用QFD设计优化产品的过程中引入正交试验设计(DOE)方法，能够帮助企业以更低成本和更高效率得到影响产品技术特性的最优设计参数组合。基于QFD和DOE的产品优化设计模型突破了以往相关研究仅停留在产品概念设计的初步方案而无法提供具有较强可操作性和实用性方法的困境(孙玲玲，2010)。

QFD方法以顾客需求为导向，从顾客出发寻找影响产品质量的关键技术，TRIZ理论提供了一种全新的解决创新问题的思想，田口方法则为创新成果转化成产品提供了切实可行的应用工具，三种方法之间存在一定的关联性和连贯性，因此一些学者对QFD、TRIZ和田口方法的集成应用展开了研究。

QFD、TRIZ理论和田口的实验设计方法(DOE)等是进行六西格玛设计的重要支撑工具(马彦辉和何桢，2007)。QFD、TRIZ和田口方法的集成应用的设计思想有助于最大限度地发挥各自的优势，弥补不足，从而实现设计质量创新(赵新军，2004)。在探讨QFD与TRIZ、QFD与DOE集成可能性的基础上，马彦辉等(2007)提出了

TRIZ、DOE、QFD的集成框架。石贵龙和佘元冠(2008)提出了以QFD的质量屋为基础、以TRIZ理论为问题解决工具、以田口方法的损失函数为度量标准的QFD问题解决理论，该理论通过田口的实验设计方法和损失函数来确定实现功能的最佳参数组合，从而为设计人员获得实现功能提供具体途径。

还有一些学者对田口方法与响应曲面法(RSM)的比较与应用展开了研究(Chen，2016；Mia，2018)。分析两种应用方法的优缺点及适用场合，有助于产品和工艺设计人员在实际工作中选用正确的试验设计方法与策略(何桢等，1999)，对产品和过程参数进行优化时，响应曲面方法(RSM)和田口方法各有优缺点(何桢，2001)。何桢(1999；2001)从理论和应用两个方面对因子试验、响应曲面模型(RSM)和田口方法进行了比较研究，他提出了将响应曲面方法与田口方法结合起来以实现优势互补的观点。

传统的动态稳健参数设计方法(田口方法)虽然在工业生产实践中展现了极大的方便，但是其本身也存在较大的改进空间。当调节变量不存在时，传统的田口方法难以实现，此外，田口方法只能根据所选取的参数水平得到最优参数组合，而这种所谓的最优结果有时并不符合实际的需要(朱飞宇，2014)，通过构造神经网络获取各参数间的动态关系恰好可以弥补传统田口方法的不足，Jung(2011)和朱飞宇都对动态稳健参数设计方法进行了改进。刘久富等(2002)则是对神经网络在三次设计中的应用进行了研究。聂利颖和张志鸿(2009)提出工程领域内的田口设计方法和人工智能领域的遗传算法相结合的方法，用以确定神经网络的结构和参数。

此外，还有不少学者聚焦噪声因子的影响程度来对田口方法与其他方法的结合展开提讨论，如：将遗传算法和田口参数设计结合以提升参数设计的稳健性，使得在减少平均损失和降低噪声因子的敏感度方面具有较大优势（Ouyang，2017；Ho，2017；Chatsirirungruang，2010；Yazgan，2015）。同时，也有一些学者将田口的信噪比分析与加权主成分分析法结合（Costa，2016）用于多目标的参数优化，将田口参数设计与 TOPSIS 结合（Şimşek，2018；Shunmugesh，2017；Bar$_{lş}$，2016）用于分析参数与响应变量之间的关系，将田口方法灰色关联分析（Kumar，2018；Lee，2018；Celik，2018）等技术结合提出新的优化设计分析思路。这些研究在拓展田口参数设计的相关理论的同时，也极大地改进了产品的质量、降低了产品的质量损失。

2.1.4 小结

田口方法是田口玄一先生基于自己多年的统计学知识和工业企业质量管理实践经验培育、创立和发展起来的。田口先生的质量观及其三次设计的思想在质量管理应用实践中是具有开创性意义的，他第一次将产品质量与经济损失联系到一起，强调质量波动与损失大小的关系，并在此观点上提出了三次设计法，丰富并创新了产品设计理论。田口方法是在 20 世纪 80 年代中后期传入我国的，虽然我国对田口的相关理论还处于学习熟悉和逐渐使用的阶段，但国内研究田口方法的专家学者并不在少数。田口方法也因其简单易懂的产品开发观念而在现实中得到了系统而广泛的应用，为国内外许多企业迅速生产低成本、高质量的一流产品做出了巨大贡献。

2.2 质量损失函数的发展概况及其研究现状

2.2.1 质量损失的不同理解

田口先生用货币单位对产品质量进行衡量，社会损失越小，产品质量越好，反之，产品质量越差，并提出用二次质量损失函数对产品质量进行定量描述。自从田口先生提出质量损失函数，学术界对质量损失的质疑就没有停止过。

针对田口的质量定义，学者们进行过不同程度的研究。有学者认为生产无用产品所消耗的原材料、能源和劳动力也是社会损失，且生产过程中产生的有毒化学物质也会给社会造成损失，因此，田口的质量损失定义应该扩展到包括制造过程的社会损失（Kackar，1989）。此外，对于社会所指对象的问题，也有学者提出不同的理解。产品出厂流向社会后，与产品直接或间接相关的利益体范围是相当广泛的，社会各方利益存在差异甚至矛盾，产品质量损失就必然存在差异。当产品的质量特征偏离设计的目标值时，必然对利益体造成损失，但是他们损失的大小和造成的原因可能是不同的(刘婷等，2013)。对于产品的质量损失如何造成的问题，站在不同利益体的角度，产品质量损失的内涵也不同，相应地，质量损失的计算模型也应有所差异，所以产品质量损失建模必须明确产品产生的具体损失是什么，才能建立起具有工程实际意义的产品质量损失模型。

有关质量损失定义的争论实际反映了质量损失模型的争论。因此，学术界对田口质量损失的质疑并不仅仅体现在质量损失概念的不同理解上，同时更多地聚焦于对田口质量损失函数设计的局限性的讨论。如：损失函数的无界性与事实上产品经济损失趋于定值不符的问题，田口质量损失具有对称性而大多数情况下的质量损失是非对称的问题，现有的质量损失只考虑了单个质量特性而现实中多质量特性是较为常见的问题。

虽然田口先生将质量损失融入产品设计这一做法极具新意，但其质量损失函数在多个质量特性和动态质量特性等方面的应用仍有许多不合理之处(武俊芳，2005)。对于企业而言，只给出质量损失的大小而不提供质量损失优化的方法是远远不够的，于是，张根保等(2009)讨论了通过调整质量特性曲线的形状和位置来控制质量损失函数曲线的方法，并给出了质量损失的计算与优化公式。事实上，产品的最大损失莫过于产品本身的价值，在实际中不可能出现无穷大，刘婷(2013)就在探讨价格和田口质量损失函数局限性的基础上，提出了一种新的产品质量损失模型，该模型比田口模型更符合实际情况。

2.2.2 质量损失函数的改进研究

尽管不同的学者对于质量和质量损失有不同的理解，但是“波动造成质量损失，波动越小质量损失越小”的质量哲学却是被学术界公认的，并且已经成为质量工程研究进展中的里程碑。针对田口定义的质量和质量损失存在的不足，学者们开始研究如何改进质量损失函数。

在研究质量损失函数的改进之前，重要的一项工作是分析质量损失产生的原因，一些学者指出标准差是影响质量损失的根本原因（王建军等，1998）。另一项工作则是确定损失函数的比较标准，徐兴忠(1994)对单个位置参数分布族情况下的损失函数比较进行了研究，认为线性估计类凸损失函数与平方损失函数等价，并给出了独立同分布下凸损失函数的线性容许估计类。

在讨论田口质量损失函数的基础上给出新的损失函数的研究方面，有不少学者做出了努力。有些学者直接指出田口二次损失函数的问题，并建立新的函数模型(李跃波等，1999)，有的以相对质量偏移为元素建立包含多个分质量指标的产品质量模型，并将其推广到3阶以上，再在模型简化后推导出产品质量损失公式(樊树海等，2008)；还有些学者在提出一种新的质量损失模型后，针对变化的参数类型不同时，造成的平均质量损失变化会呈现不同规律这一论点，比较分析了改进前后两个模型中几个重要参数对平均质量损失影响的具体变化规律与异同点(刘婷等，2013)。研究结果表明，当公差变化时，两种模型的损失变化规律相似；当均值和均方差变化时，两种模型会产生差异，新的价格模型是一个收敛函数，而田口模型是一个发散函数。

质量分级是产品质量水平评价中十分重要的一种手段和应用策略，田口质量损失函数与产品质量分级实践也可实现较好的结合。分级质量损失函数模型的建立往往离不开分段函数理论，这方面，王伯平等(2007)曾进行过具体的研究。在分析田口二次质量损失函数的基础上，他们指出田口质量损失在有界性、非对称性和无损失区域上存在局限性，并基于分段函数理论对田口质量损失函数进行了应用拓展，构建了分段曲线质量损失模型。而对于现实中面临的产品多质量特性与零部件尺寸之间很难建立分级质量损失函数的情况，学者们又研究提出了一种基于神经网络法和层次分析法的质量损失模型(赵延明等，2012)。考虑零件加工过程中的返修成本和报废成本而建立的分段质量损失函数更加贴近工程实际，依据零件尺寸服从的不同分布推导相应的零件质量损失成本，有助于为产品质量特性与零部件尺寸之间建立因式关系提供有效的解决方法。

利用田口先生开发的质量损失函数，可以减少产品的制造时间和成本，提高工厂的竞争力，然而，田口方法没有考虑质量损失的模糊性，即产品质量的定义与评价之间的模糊性，于是有学者又将模糊理论引入到了田口损失函数的改进中，曹衍龙(2004)就是其中一个代表。他在分析产品质量模糊性及田口二次型质量损失函数局限性的基础上，应用模糊理论对田口损失模型进行拓展，提出了模糊质量损失和模糊质量损失成本的概念，并建立了相应的模糊质量损失模型。所谓模糊质量，就是用模糊逻辑描述质量的定义，将质量划分为几个等级，然后在此基础上利用损失的概念建立模糊质量损失函数。模糊质量损失方法具有较强的灵活性，有助于在公差设计中实现质量与成本的平衡。同样是应用模糊理论，邹旺(2008)对田口二次型质量损失模型的拓展就更为深入，其模糊质量的建立还考虑了产品质量分级的情况，并基于此提出了模糊质量损失成本函数。

在田口损失函数长期的理论研究与实际应用过程中，学者们根据现实变化曾给出多种形式的单个质量特性的质量损失函数，但由于制造过程的输出结果通常具有多个质量特性，在很多情况下，任何单一质量特性的优化都可能导致其他特性非优化值的出现，而最理想的情况就是找出这些质量特性的最优权衡以把复杂的多质量特性质量损失函数转化为一个简单的质量损失函数。

多年来，学术界也一直试图解决多个质量特性情形下的质量损失函数问题。无量纲“标准化”的多变量损失函数(Artiles-leon，1996)是较早被提出的一个模型。顾名思义，所谓的“标准化”就是指在分析每个质量特性的性能时，通过标准化处理，把具有不同质量特性的损失函数结合在一起，建立质量损失与各个不同响应间的关系。该模型不仅考虑了质量特性的规格界限，而且在质量评价中实现了传统思想与新理念的结合。此后，不少学者在 Artiles-leon 的基础上进一步实施了改进，比如采用主成分分析的方法建立多元质量损失函数(徐济超等，1999；马义中等，2002)。该方法在保留原来质量波动的信息的同时还考虑了各个主成分变量对结果影响的差异性，但存在的一个问题是主成分变量的实际意义有时难以解释，而且可能还要减少维数，而这无疑又会增大负面影响；另外，该改进的多元质量损失函数没有考虑响应变量方差的影响，故仍具有不少局限性。同样基于 Artiles-leon 提出的无量纲“标准化”多元质量损失函数局限性的分析，魏世振等(2004)以及张晶等(2006)选择了采用信噪比衡量各质量指标的波动，从而建立一般情形下的多元质量损失函数的模型。此外，张晶还把该模型表示成多个相关装配尺寸产品的工序公差函数，利用成本—公差函数和产品质量损失函数，给出并行公差设计优化模型，从而实现公差的并行设计。

利用田口质量损失函数分析制造过程优化中的多重质量特性问题，在有效避免因主观的工程判断给决策过程带来的不确定性影响方面起着重要作用(Antony，2001)。Pignatiello(1993)推导出使多质量特性问题的函数最小化的期望损失函数表达式，于是定义了一个具有多重质量特性的二次损失函数。Elsayed 和 Chen(1993)也提出过基于损失函数的多特征模型，该模型与 Pignatiello 的方法相似，他们的模型主要聚焦于一个控制因素以优化多特征问题。

W. M. Chan 等(2004)也对多元质量特性的质量损失函数进行了研究。关于质量损失函数在复杂参数产品的应用中，王军平等(2001)将质量损失概念引入生产制造过程，提出了一种建立多参数质量损失模型的数学方法，并导出了这种多参数的质量损失公式，从而建立了质量损失的更普遍形式。通过采用多元回归来拟合降低质量损失百分比的函数是一种基于质量损失百分比降低的多质量特性优化方法，该方法可以使得多重质量特性的总质量损失实现最大限度地减少(Wu，2002)。

对于多变量质量特性，其实目前还没有产生得到学术界一致认可的损失函数，但观察多年来质量损失函数有关研究，不难发现，早期文章主要基于质量偏差处于对称情况进行分析。事实上，在某些控制工程过程中，质量变量的正偏差和负偏差时常会造成不同的质量损失从而导致不对称损失函数，而传统的针对对称损失函数进行的过程调整算法并不能直接应用，于是，不少学者又对非对称质量损失函数的设计进行了研究。Ho 和 Quinino(2003)在不对称二次质量损失函数下讨论了过程能力不足的最优均值问题。Wu 和 Tang(1998)对非对称质量损失下的产品尺寸公差分配设计方法进行了研究。Jin 和 Liu(2013)在分析线性和二次不对称质量损失函数的使用条件的基础上，建立了三角形分布的不对称质量损失函数下的八个数学模型。Zhang 等(2014)也进行了非对称质量损失函数的设计并提出了新的过程控制方法。

在产品质量损失非对称的情况下，使工序加工出的产品均值等于目标值，并不一定会使期望损失最小（陈湘来等，2008；倪自银等，2004）。对此，陈湘来首先讨论了非对称质量损失函数的建立，接着在此基础上构造了质量特性目标值的优选模型以期得到能使期望损失最小的最优目标值。倪自银（2004）对三种典型非对称损失的过程均值设计问题进行了研究，同时还探讨了非对称比率与质量损失率之间的关系问题，进而提出有效偏移的概念，给出了质量损失非对称下的具体调整措施。

呈对称分布且变量取值无限的田口损失函数是大多数人所熟悉的，修正的田口损失函数正是建立在这种熟悉感之上。潘尔顺等（2005）就基于理想的田口质量损失函数建立了不对称田口损失函数的相应数学模型，并研究了损失系数进行的计算分析。

损失函数作为田口方法的主要工具之一，在参数设计中也发挥巨大作用，由此，讨论非对称的二次质量损失函数下，参数设计可行性的意义不言而喻。非对称的二次损失函数下田口方法的稳健性设计和灵敏度设计依然行之有效（程岩等，2005），他们对望目特性的正态指标进行了分析，定义调整参数的同时求解了使质量损失最小的数值解，并给出了参数设计的具体步骤。李春萍（2010）则在非对称的非线性损失模型下，讨论了正态分布的参数设计。除了参数设计，不对称的田口质量损失函数还可应用于最优质量投资决策和最优过程均值的确定（张斌等，2008），即基于不对称田口质量损失函数，在生产成本基础上，考虑报废、返修、质量损失成本和质量投资成本，建立综合的成本模型。此外，还有不少学者对非对称情况下的二次质量损失函数进行了研究。

除上述多质量特性下质量损失函数和非对称情况下的二次质量损失函数设计外，学者们还对最优过程均值和方差的确定问题及质量特性的公差优化方法展开了研究。

制造过程持续改进的目标是生产出零缺陷的产品，现代质量改进体系通常需要确保长期的过程均值接近于目标值，过程变异接近于零，然而，实际可能会遇到这样的情况：过程已经受控，但无法在短期内满足规范的要求。有两种方法可以解决这个问题，一种方法是采用检验策略，设定一个经济可行的产品标准，将符合标准规格的产品出售给客户；另一种方法是改变过程均值的位置，设置一个最优过程均值（Kapur 和 Wang，1987；Kapur，1988；Kapur 和 Cho，1994，1996）。当过程处于受控状态但不能在短时间内满足规范时，可以通过设置最优过程均值实现（Wen 和 Mergen，1999），并且提出在平衡不满足规格上限和规格下限的成本的基础上选择了过程均值，但是没有考虑模型中规格界限内的产品的质量损失。田口先生提出了最小化对生产者和消费者的总损失的二次质量损失函数，二次损失函数的优点是可以根据偏差（目标值与过程均值的距离）和过程标准差来评估损失，但常规的二次损失函数在某些情况下显然是不合适的，如超出公差限度的预期成本不等于目标的左、右时。切割太多造成缺陷可能意味着报废，而切割太少只会导致返工，在这种情况下，一种可能的解决办法就是拟合一个不对称的且不一定是二次的损失函数（Trietsch，1999）。Chen 和 Chou（2002）对

Wen 和 Mergen(1999)的模型进行了修正，修正后的新模型是在考虑产品线性质量损失的前提下确定的单边规格界限的最优过程均值。此外，还有不少学者也在田口质量损失函数下研究了最优过程均值的确定问题(Chen，2004；Rahim 等，2000；Lee 等，2004)。也有学者将田口质量损失函数推广到多质量特性，结合不合格品损失及检查费用讨论多质量特性最优过程均值的确定(Teeravaraprllg 等，2002)。

质量损失函数在装配公差优化的应用方面也有改进空间。Jeang(1998)提出了使产品制造成本、质量损失、返工成本及废品成本的总和为最小的装配公差优化模型，并考虑产品质量和加工能力的约束提出了产品的多个指标为设计参数线性或二次函数的多变量公差优化方法，包括参数化和非参数化的设计方法。基于产品的质量损失，利用公差－成本关系和统计公差的方法，可以建立公差设计的优化模型，匡兵等(2006)应用遗传算法进行了装配公差的分配。国内外也有少数学者提出用线性函数度量质量损失，Li(2002)提出了两种线性质量损失模型，一种是非对称的线性损失函数，一种是截尾的线性损失函数，并且比较了两种模型。

2.2.3 质量损失函数的应用现状

对于质量损失函数的应用研究相当普遍，如创新性地将田口方法用于神经网络模型的参数设计，为提高神经网络在学习速度和记忆准确率方面的性能提供了有效手段(John 等，1995)。Soumaya 和

Jacqueline(1998)则利用田口损失函数对“不作为”、评估、预防以及预防和评估的组合四种不同质量策略的成本进行了建模和比较。

俞磊等(2008)对质量损失在过程控制中的应用进行了研究，在统计过程控制(SPC)与工业过程控制(EPC)的整合框架下，分析了自相关过程的质量损失，其研究表明，在对控制过程进行反馈调整后，自相关过程质量损失才符合实际情况。徐会作(2008)将田口的质量思想融入控制图的经济设计中，通过应用田口损失函数重新定义受控阶段和失控阶段的成本，实现损失函数在控制图经济设计中的嵌入，新模型融合了田口方法和 SPC 的优点。Fong-JungYu 和 Hsuan-KaiChen(2009)构造了 X-bar 经济性控制图，用于控制设计的质量损失，并对纯经济性控制图、既有经济性又有统计控制图以及使用田口质量损失函数的控制图进行了实际经济损失的比较研究。并且通过实例表明，与原始成本项目相比，田口二次质量损失函数的社会损失是最重要的成本。

林琳等(2007)介绍了一种通过适当试验设计，运用试验结果数据近似模拟产品性能指标的均值模型和方差模型的双响应曲面建模方法，将田口质量损失函数模型和容差—成本函数模型综合考虑，即提出一种基于田口质量损失函数的选择-实验-适应(SEA)模型设计方法，可以提高质量系统稳健性及其优化效率。Yao 等(2011)建立了一个整合邓肯成本模型、田口质量损失模型等的多级加工过程的质量损失模型，并利用该模型构造了多级加工过程的总体平均质量损失优化函数，在提高产品多级加工过程中质量控制效果的同时降低了生产成本。

Wei - Ning Pi 等(2005；2006)以及冯怡(2005)提出基于质量损失函数的供应商评价方法。石贵龙等(2008)将田口方法与质量功能展开结合，提出了以田口方法的损失函数为度量标准的 QFD 问题解决理论。

田口的二次质量损失函数将过程控制和质量改进结合起来，已成功地应用于质量控制的许多课题。Chung - Ho 等(2009)对罐装行业的过程控制模型进行了修正并将二次质量损失函数用于评估客户的使用成本。匡芬等(2015)从完成生产任务的角度出发，将生产任务的时间(T)、质量(Q)、成本(C)均看作产品特性，分析了工艺加工过程中的质量特性关联机理，并基于质量损失函数构建了加工过程的产品特性与任务载荷要求 PL、过程特性与生产能力 PC 的关系模型。

田口的损失函数是将质量控制水平作为成本概念进行评估的函数，现有研究大多描述影响制造业产品价值的现象，Sharma 等(2015)则将田口损失函数引用进了第三方物流服务提供商的选择问题中。Yoon，Y. J. 等人(2017)也对损失函数在服务业质量管理中的应用进行了研究，他们提出了一个改进的损失函数用以计算服务行业的质量管理成本，来作为服务质量的绩效指标。

国内外有关质量损失函数应用的研究还有不少，这里不再赘述。

2.2.4 小结

通过前面的梳理发现，不同的学者对质量损失的理解是不同的，这些不同的理解既有从损失构成的角度出发的观点，也有基于质量特性做出的思考。因此，对于田口先生用货币单位对产品质量进行衡量，社会损失越小，产品质量越好，并提出用二次质量损失函数对产品质量进行定量描述的做法，不同学者也是有不同的认识，大家的争议多围绕对田口先生质量损失概念和质量损失函数定义中的局限性展开，如：损失函数的无界性与事实上产品经济损失趋于定值不符的问题，田口质量损失具有对称性而大多数情况下的质量损失是非对称的问题，现有的质量损失只考虑了单个质量特性而现实中多质量特性较为常见的问题。于是，后来的学者对田口质量损失函数改进展开了研究，表 2.1 展示了目前国内外部分学者对田口质量损失函数的改进研究情况。

表 2.1 国内外部分学者的田口质量损失函数改进研究归纳

研究对象	研究人员	研究内容
质量损失产生的原因	王建军等(1998)	标准差是影响质量损失的根本原因
损失函数的比较标准	徐兴忠(1994)	对于单个位置参数分布族，线性估计类凸损失函数与平方损失函数等价

续表

研究对象	研究人员	研究内容
引入模糊理论的模型拓展	曹衍龙等（2004；2006）	提出模糊质量损失和模糊质量损失成本的概念
	邹旺(2008)	提出基于质量分级的模糊质量和模糊质量损失成本函数
应用分段函数理论的模型拓展	王伯平等(2007)	建立分段曲线质量损失模型
	赵延明等(2012)	提出基于神经网络法和层次分析法的质量损失模型
多质量特性下的质量损失函数	Arti1es-leon(1996)	提出无量纲“标准化”的多变量损失函数
	徐济超等(1999)；马义中等(2002)	采用主成分分析的方法建立改进函数
	魏世振等(2004)；张晶等(2006)	建立基于信噪比的多元质量损失模型
	F. C. Wu(2002)	提出基于质量损失百分比降低的多质量特性优化方法
	Pignatiello(1993)；Elsayed 等(1993)	推导出使多质量特性问题的函数最小化的期望损失函数表达式，定义了一个具有多重质量特性的二次损失函数
非对称质量损失函数	Wu 和 Tang(1998)	非对称质量损失下的产品尺寸公差分配设计方法
	Quinino 等(2003)	不对称二次质量损失函数下，过程能力不足的最优均值问题
	倪自银等(2004)	非对称损失的过程均值设计问题和非对称比率与质量损失率的关系问题

续表

研究对象	研究人员	研究内容
非对称质量损失函数	程岩等(2005)	针对望目特性的正态指标，在非对称的二次质量损失函数下，讨论参数设计的可行性
	Jin Qiu 等(2013)	基于三角形分布的不对称质量损失函数模型
	Jun Zhang 等(2014)	非对称质量损失函数的设计及新的过程控制方法
最优过程均值和方差的确定问题	Wen 和 Mergen(1999)	当过程处于受控状态但不能在短时间内满足规范时，可以通过设置最优过程均值实现
	Chen 和 Chou(2002)	包含单边规格界限的二次损失函数修正模型
	Chen(2004)	结合线性质量损失函数的单边规格限最优过程均值问题
	Teeravaraprllg 等(2002)	多质量特性的最优过程均值确定问题
质量特性的公差优化方法	A. Jeang(1998)	提出使产品制造成本、质量损失等的总和最小的装配公差优化模型
	R. Plante(2002)	提出以产品的多个指标为设计参数线性或二次函数的多变量公差优化方法

这些研究对田口先生早先提出的经典质量损失函数理论进行了一定的修正，尤其是对多变量情况和非对称情况下的质量损失函数进行了比较完善的改进，对于公差对称情形下的质量损失函数理论

也趋于成熟。但这些研究大都是在认可质量损失用二次项来表示的前提条件下进行的，作者认为在某些情况下，仍旧用二次项函数表示质量损失具有不合理性，在后续的研究中，作者将指出可能存在的局限性并提出新的质量损失函数，以及产品分等级情形下的质量损失函数设计，包括单纯计量型和百分比情形。同时，作者还将对质量特性的目标值随着信号因子变化而变化的动态特性质量损失函数也展开研究。

2.3 质量反馈控制系统的发展概况及其研究现状

质量是各类制造系统的重要决策属性之一。在制造系统的设计、运行和管理中，质量作为一个重要决策属性而广泛地为人们所接受，且有不少学者对其展开过深入研究。Chryssolouris(1992)提出制造系统的“四面体决策框架模型”，将成本、时间、质量和柔性并称为四大制造决策属性，并把它们作为制造系统设计和运行的目标函数；同时，还提出“制造系统和制造过程中各类决策变量可通过技术经济模型映射成为制造决策属性组成元素”的设想。Arimoto 等(1993)则在前人研究的基础上，提出机械加工系统的综合评估与决策模型，对制造系统质量决策属性展开进一步研究。刘飞等(1995)随后又提出考虑成本、时间、质量、柔性和环境五大制造决策属性的“五角形决策框架模型”。该模型中，环境包含生态环境、资源利用、职业健康、安全性等一系列广义因素，体现出现代制造系统与当前全球关注的资源、环境和人口问题的强烈关系。研究表明，在制造系统及其过程中，人们对质量予以高度重视。

质量特性反馈控制系统的设计和管理是制造系统过程质量控制工作中长期研究的问题。Box 和 Luceño(1997)提出“APC”(自动过程控制)原理，即：通过反馈控制技术，对偏离目标的过程进行补偿，减少波动，以达到预期的设计目标。Dasgupta 等(2002)以投料为例，通过稳健性参数设计对控制系统进行优化，证明了反馈控制模型的有效性。Dasgupta 和 Wu(2006)以灌装软饮料为例，运用稳健性参数设计，研究了质量特性反馈控制的优势。郭钧和郭顺生(2008)综合应用计算机技术和在线检测技术，依据数理统计理论及控制方法，提出一种新颖的、集软硬件于一体的工序质量控制系统。Islam 和 Liu(2011)则提出一种针对机械操作手的稳健适应模糊输出反馈控制系统，并展开了应用研究。

与此同时，学者们对无法采用自动控制技术的制造系统也进行了质量反馈控制中人工介入的研究，主要集中在如何确定控制系统中“最优管理界限”和“最优测量间隔”两个方面，这些研究体现了过程质量控制的经济性特征。首先，针对“最优管理界限”的确定，Shewhart(1924)绘制出世界上第一张控制图，并于 1931 年出版《Economic Control of Quality of Manufactured Products》一书，提出“SPC”(统计过程控制)理论。其后，Alwan 和 Roberts (1988)与 Harris 和 Ross(1991)对存在序列交互影响的 SPC 展开了研究，对传统

SPC理论进行补充。还有一些学者(MacGregor和Kourti，1995；Kourti等，1996；Bersimis等，2007；AlbertoFerrer，2014)则对含多元变量的SPC进行了详细研究。在应用方面，Nigel(1998)和Thor等(2007)分别以医疗和食品加工为例，对SPC的应用情况进行分析和评述。另外也有学者(Kourti和MacGregor，1995；Isermann和Füssel，1997；Yoon和MacGregor，2001；Sang和Lee，2005)分别从不同的角度对质量控制系统进行研究，并得出各自相应的研究成果。其次，针对"最优测量间隔"的确定，以Dodge和Roming(2013)提出的抽样检验理论为代表，主要集中在运用数理统计理论以有效控制生产方和使用方风险，其后，许多其他学者也在该领域做出了贡献。

不可否认，统计过程控制和抽样检验理论的使用，大大便利了制造系统的过程质量控制实践。但这些方法更多的是从统计学角度入手，且将质量指标的控制界限看作独立的外生变量，缺乏严格的经济学解释。虽然部分学者，以Hald(1968；1981)为典型，已考虑到制定抽样方案时，应注重检验一个产品所需的费用、被检验批质量参数的先验分布、接收不合格批所造成的损失、以及拒收合格批所造成的影响等因素，从原则上导出使总费用最小化的贝叶斯抽样方案，但其主要侧重于概率和风险研究，仍然将控制界限作为独立存在的外生变量来处理，缺乏严格的经济学解释。

在质量控制的经济性研究方面，Feigenbaum(1951；1956；1991)提出"质量成本模型"，将产品质量同企业的经济效益联系起来，系统分析产品形成过程中的质量成本，深化了质量控制理论及方法，改变了企业经营管理中的质量控制观念。还有一些学者从不同的角度对质量成本的界定和测量进行了补充研究(Burgess，1996；Fitzroy 等，1998；Omachonu 等，2004；Schiffauerova 和 Thomson，2006)。这些关于质量成本的研究，都对关于质量的管理费用和失效损失进行了综合考虑，但却主要集中于企业层面，且多基于会计分析上的需要，并没有对单一产品进行管理费用和失效损失的综合衡量。

20 世纪 70 年代田口先生针对质量控制系统提出了反馈控制系统以及反馈控制系统损失函数。田口先生提出的“田口线内质量特性反馈控制系统”恰好弥补了“质量成本模型”未能针对单一产品进行微观分析的不足。田口先生通过考虑测量费用、调整费用以及失控品的损失等因素设计出了反馈控制系统损失函数，并通过最小二乘法确定了最佳管理界限和最佳测量间隔。蒋钧钧(2005)和徐兰、韩之俊(2007)等学者对“田口线内质量特性反馈控制系统”进行了大量的应用研究。但田口反馈控制系统损失函数本身还存在一些不完善之处，对如何解决这些问题尚未找到相关的研究资料。

2.4 质量测量系统的发展概况及其研究现状

长期以来，人们往往通过测量不确定度来评价测量误差的大小。测量不确定度是评定测量数据质量的重要指标。自从 1993 年国际计量局(BIPM)、国际标准化组织(ISO)、国际电工委员会(IEC)等 7 个国际组织联合发布《测量不确定度表示指南》(简称：GUM)以来，测量不确定度迅速在全球测量领域推广应用。使用 BIPM 等国际组织推荐的测量不确定度评定方法是加入全球计量确认体系的基础，是参与关键参量国际比对的必要条件，同时也是开展实验室国际互认、产品质量认证国际互认的基础，不仅具有重要的科学意义，而且具有现实的经济意义。

目前，国内外关于测量不确定度评定的研究文献数不胜数。近几年，不少学者开始研究一种基于蒙特卡罗模型的测量不确定度评定方法。Gong(2004)的研究表明单纯的蒙特卡罗法在获得复杂模型高准确度的仿真数据时稳定性较差，并建议用加权的蒙特卡罗仿真数据拟合拉格朗日(Lagrange)插值多项式，分步迭代，逐步仿真，会得到较好的效果，这种逐步仿真类似于重复使用先验的数据，并根据仿真数据的先后来赋予不同的权值，该方法的问题在于权值是根据仿真次数确定的，缺乏理论依据。德国国家物理技术研究院(PTB)的 K. Weiss 和 W. Wöger 博士(1993；2000)在这方面进行了开拓性的研究，他们用贝叶斯理论推证了重复测量结果标准差，并将贝叶斯方法用于不合格测量数据剔除与修补，建立了一种优于 Brigeratio 的方法；俄罗斯门捷列夫计量院 V. Tuninsky 博士与 W. Wöger 博士共同对简单乘除形式的模型进行研究，分别于 1997 年和 2000 年公布了评定测量不确定度的贝叶斯方法；智利计量专家

Lgnacio Lira 博士与 W. Wöger 博士共同对 $y = x_1 + x_2$ 再校准模型的不确定度评定贝叶斯方法进行了理论推证，Giulio(2003)在其出版的专著中给出了上述两种模型的校准实例；Barford(2004)将贝叶斯方法用于误码率测量的数据处理，得到了满意的效果；Kyriazis 等(2004)根据积分式数字伏特计产生的数据用贝叶斯方法对线性正弦函数的参数进行推断，也取得了很好的效果；Cordero(2004)等人对输入量的先验信息缺失条件下复杂模型的不确定度评定进行了研究，给出了分布密度函数的选择方法。

此外，也有一些学者对测量误差展开研究。Nuland(1993)认为测量系统的波动与过程波动相比很小的话则可以忽略，Abraham(1977)比较了有无测量误差对控制限参数的影响，Kanazuka(1986)和 Mittag(1988)采用一种简单的测量误差模型来研究其与控制方案的关系，Steiner(2000)提出用两种测量系统同时控制一个过程。Hong 和 Elsayed(1999)讨论了测量误差对过程均值确定的影响。王立吉(1998)对测量误差与不确定度表述中的某些重要问题，从概念、逻辑和形式上进行了比较深入和系统的分析与研究。

国内外关于应用损失函数评价测量误差的研究不是很多，只在一些较成熟的著作中对静态测量的测量误差损失函数有过描述。很多研究认为测量领域通过应用测量误差损失函数描述测量质量具有重要的意义，但是这些研究只是讨论了静态测量情况下的测量误差损失函数。众所周知，实践中大多数被测量是动态变化的，而且有时通过测量几个标准物质来评价测量系统，有时又是在工作现场通过测量几个实物来评价测量系统。针对上述现象，本书将研究动态测量情况下的测量误差损失函数，包括已知信号因子(测量标准)和未知信号因子(测量实物)时动态测量的测量误差损失函数。

另外，测量系统或测量设备的校准周期也是计量领域长期研究的问题。Stuckman 等(1991)采用统计模型中的维纳过程模型建立了电子尺的校准漂移模型，进行校准间隔的调整。Morris(1991)提出用统计方法对校准数据建模，通过进行时间序列分析，确定校准间隔。Bobbio 等(1997)给出一类统计建模方法，针对测量仪器的可观测参数，建立校准漂移模型，根据模型确定和调整校准间隔。余学锋等(2002)基于统计分析方法建立测量仪器校准的随机漂移模型，通过对校准间隔的参数化，优化校准间隔。考虑到一成不变的检定周期必然造成检定成本的增加，而过短则会影响计量器具的准确性，刘书庆和唐家驹(1994)提出了计量器具检定周期的三种定量确定方法，文中系统论述了三种方法的基本思路和步骤，提出了应用这些方法时应注意的几个问题。Carbone(2004)推荐了一些校准间隔的调整方法，但这些方法仅仅局限于同类仪器校准间隔的确定。Lin 和 Liu(2005)根据测量仪器历史校准数据小样本的特点，基于灰色理论建立了历史校准数据的灰色 GM(1,1)模型，并采用灰色灾变预测的方法预测校准日期，但是，灰色 GM(1,1)模型的预测精度容易受建模数据随机波动的影响。孙群等(2007)、赵瑞贤等(2007)在测量仪器的校准间隔可以通过历史校准数据预测的假设下，分析了历史校准数据的特征，并对校准数据进行了数学描述。此外，他们还在测量仪器校准间隔灰色预测模型的基础上，引入马尔可夫预测理论，提出了等维新息灰色马尔可夫 GM(1,1)模型，进行了仿真实验，并分析了实验结果。李华超等(2007)在对传统计量器具检定周期确定和调整的各种方法综述的基础上把自适应调整法和递减检定周期曲线结合起来，重新给出了符合计量器具个性特点的检定周期的漂移曲线，并从经济指标出发，提出了检定周期曲线应该具有的截尾特性，最后以算例说明了该方法的可操作性。苏海涛等(2007)根据计量器具检测数据的统计特点，采用了加权处理的办法，建立了基于时间序列和基于频次序列的动态灰色模型 DGM(1,1)确定校准间隔。

以上这些是关于测量仪器校准周期的主要研究，他们大都是以传统测量系统分析(MSA)为理论基础进行研究，主要考虑的是统计稳定性，而不是测量系统或测量设备校准工作的经济性。20 世纪 70 年代，田口先生设计出基于校准系统损失函数的测量设备最佳校准周期确定方法，考虑校准费用、调整费用以及测量系统由于测量误差所造成的损失而设计了校准系统损失函数。很多学者都对田口校准系统损失函数进行了应用研究，目前尚未发现对田口校准系统损失函数进行改进的研究文献。

3

质量损失函数理论综述

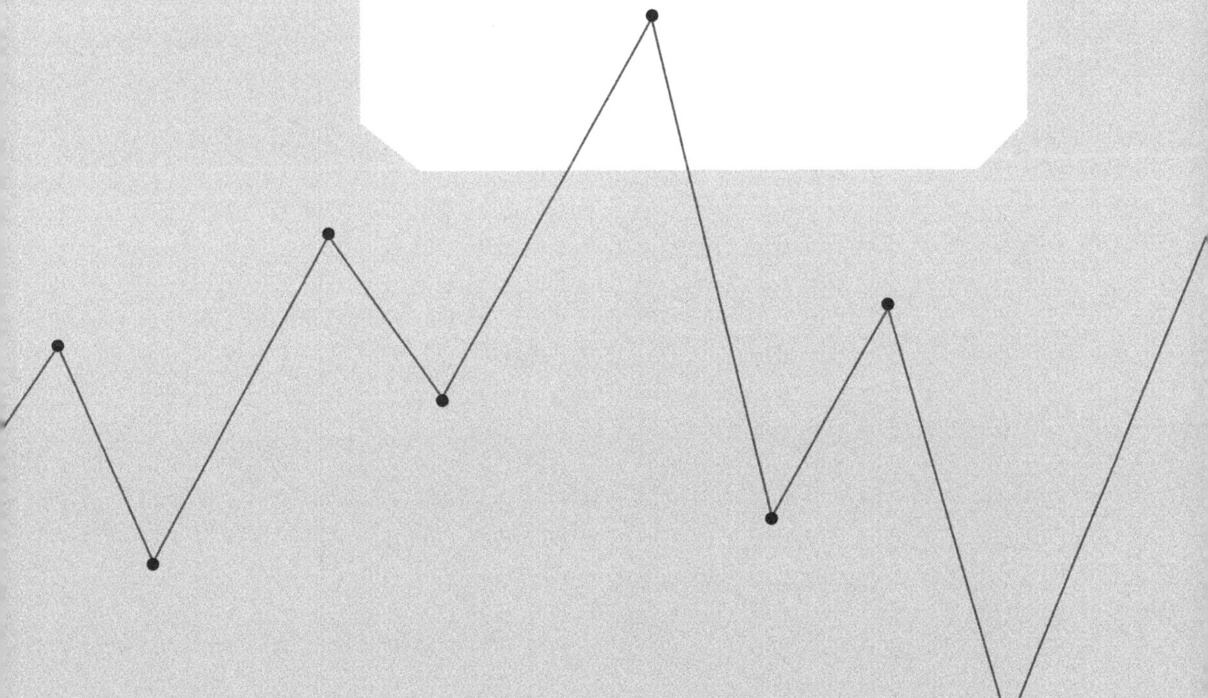

本章介绍了田口经典的质量损失函数理论，包括望目特性、望小特性和望大特性质量损失函数，并通过实例介绍了质量损失函数在质量水平评价中的应用。

质量损失函数的思想是20世纪60年代由日本著名质量工程学家田口先生提出的，他认为产品的功能波动是客观存在的，只要产品的质量特性偏离预定的目标值就会带来损失。这是异于传统西方思想的，但是田口先生提倡的减少变异性与强调极小化损失的思想又完全和Deming、Juran的不断改进的思想相一致。

田口先生质量观的理论基础是质量经济学，即从事质量改进工作要从经济效益最优化出发考虑改进措施。田口先生从经济学的角度重新定义了质量，认为："所谓质量，是指产品上市后给社会带来的损失。但是，由于功能本身所产生的损失除外"，他把产品质量与经济损失联系到一起，并且提出用二次质量损失函数衡量容差设计中产品的质量。田口先生提出的质量损失函数理论虽然在国际上争议较多，也有不少学者对田口先生质量损失函数进行过改进，但田口先生的思想正被越来越多的研究人员和实践工作人员所接受。

在企业生产经营活动中，经常要评价产品零件对产品质量特性的影响程度。如果将零件更换为质量较高的零件，其产品特性值由于波动而产生的损失下降的幅度小于成本上升的幅度，那么这种更换高质量零件的做法将不可取，因为一方面会提高制造成本，削弱产品竞争能力，减小销售量；另一方面也会使用户多花了钱却没买到相应质量的产品。反之，如果该零件的更换导致损失下降的幅度大于成本上升的幅度，则这种做法是可取的，不仅能够提高产品的竞争能力，工厂也容易获利，而且用户也获得了较好质量的产品。

这就是田口先生引进质量损失函数的基本思想和用途。同时，田口质量损失函数在田口参数设计和容差设计中也有应用，尤其是在确定各种工艺流程最佳工艺参数方面得到了更加广泛的应用。本章将对田口质量损失函数的经典理论模型展开介绍，同时对不同质量水平评价方法之间的差异进行了比较研究。

3.1 质量损失函数的经典模型

田口玄一认为："所谓质量就是产品上市后给予社会的损失。但是，由于功能本身所产生的损失除外。"由此可见，无论任何产品面世后，都会产生不同程度的由于产品功能(即产品输出特性)的波动而造成的损失，即产品输出特性的波动是客观存在的，有波动就会造成社会损失。田口先生提出的"质量损失函数"概念，就描述了这种产品输出特性与质量损失之间的定量关系。

一般来说，组成产品的零件精度高，有助于提高产品的质量，从而减少质量损失，但精度高的产品势必也会增加产品的生产成本。而降低零件的制造精度，对于产品制造者来说虽然减少了成本损失，但使产品的质量下降，又增加了产品的质量损失，最终也给产品制造者造成伤害。显然，使得产品生产的质量损失和成本损失综合最小，才是选择最佳精度的标准，如图 3.1 所示。

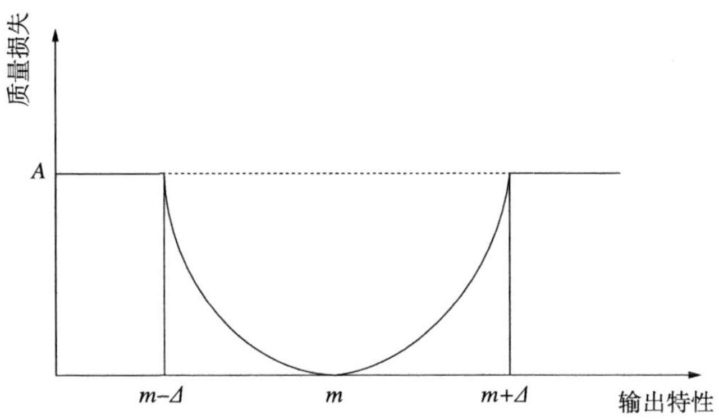

图 3.1 质量损失函数曲线

产品的质量特性不同，质量损失函数也将存在不同的形式，下面分别对望目特性、望小特性和望大特性的质量损失函数的经典模型进行介绍。

3.1.1 望目特性的质量损失函数

设产品的质量特性为 y，目标值为 m。对于围绕目标值 m 波动的产品的质量特性 y，希望这种波动愈小愈好，此时质量特性 y 就被称为望目特性，即愈接近目标值 m 愈好的质量特性。根据田口先生的质量损失概念，当 $y \neq m$ 时，就会造成产品的质量损失，且 y 与 m 的偏离程度 $|y - m|$ 越大，损失越大。

将相应产品质量特性值 y 的损失表示为 $L(y)$，若 $L(y)$ 在 $y = m$ 处存在二阶导数，则按泰勒级数展开得：

$$L(y)=L(m)+\frac{L'(m)}{1!}(y-m)+\frac{L''(m)}{2!}(y-m)^2+\cdots \quad (3.1)$$

不失一般性，由望目特性和质量损失的定义可知，当 $y=m$ 时有产品质量特性 y 的损失最小，不妨设此时的质量损失 $L(m)=0$，又因为 $L(y)$ 在 $y=m$ 时有极小值，所以有 $L(m)$ 的一阶导数为0，即 $L'(m)=0$，再略去二阶以上的高阶项，则此时的质量损失函数可表示为：

$$L(y)=k(y-m)^2 \quad (3.2)$$

式中，$k=L''(m)/2!$ 是不依赖于 y 的常数。

假设有 n 件来自同一生产线的产品，其质量特性值分别为 y_1，y_2，…，y_n，则此 n 件产品的平均质量损失为：

$$\bar{L}(y)=k\left[\frac{1}{n}\sum_{i=1}^{n}(y_i-m)^2\right] \quad (3.3)$$

对于任意一个 y，若 $L(y)$ 已知，则损失系数 k 就可以确定，如图3.2所示。

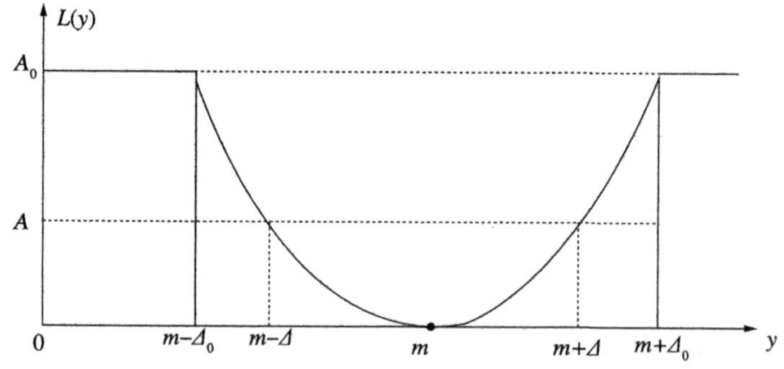

图3.2 望目特性质量损失函数

假设$(m-\Delta_0,\ m+\Delta_0)$为产品质量特性的功能界限，当特性值超出此区间即丧失功能时的损失为A_0，由式(3.2)可得：

$$A_0=k\Delta_0^2$$

即有：

$$k=\frac{A_0}{\Delta_0^2} \tag{3.4}$$

同理，假设$(m-\Delta,\ m+\Delta)$为产品质量特性的规格界限，当特性值超出此区间即不合格时的损失为A，由式(3.3)可得：

$$A=k\Delta^2$$

即有：

$$k=\frac{A}{\Delta^2} \tag{3.5}$$

由式(3.4)和式(3.5)得：

$$\Delta=\sqrt{\frac{A}{A_0}}\Delta_0$$

一般情况下不合格时的损失A比丧失功能时的损失A_0小很多，所以产品质量特性的容差Δ要比功能界限Δ_0窄，图3.2的情况也是如此。

3.1.2　望小特性的质量损失函数

顾名思义，所谓望小特性就是希望产品的质量特性y越小越好，当然y不取负值。换一个角度，也可以将望小特性视作目标值$m=0$

时的望目特性，当然，质量特性不能取负值，如图 3.3 所示。

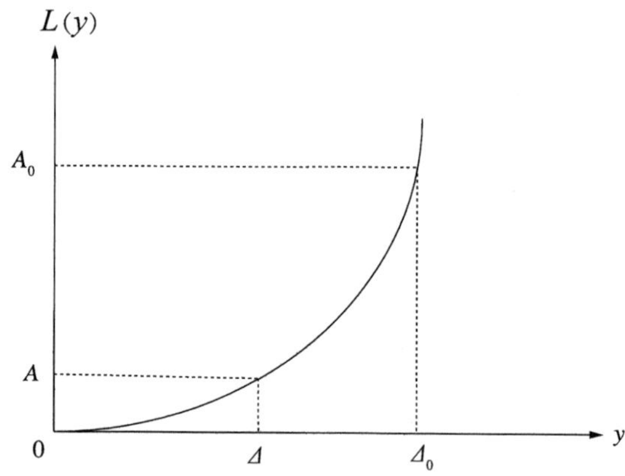

图 3.3　望小特性质量损失函数

对比望目特性质量损失函数(3.3)，当 $m=0$ 时，得望小特性质量损失函数为：

$$L(y)=ky^2>0 \tag{3.6}$$

式中损失系数 k 为：

$$k=\frac{A}{\Delta^2}=\frac{A_0}{\Delta_0^2}$$

3.1.3　望大特性的质量损失函数

所谓望大特性就是希望质量特性 y 愈大愈好的特性，如图 3.4 所示。

当质量特性 y 为望大特性时，$L(y)$ 在 ∞ 处展开式为：

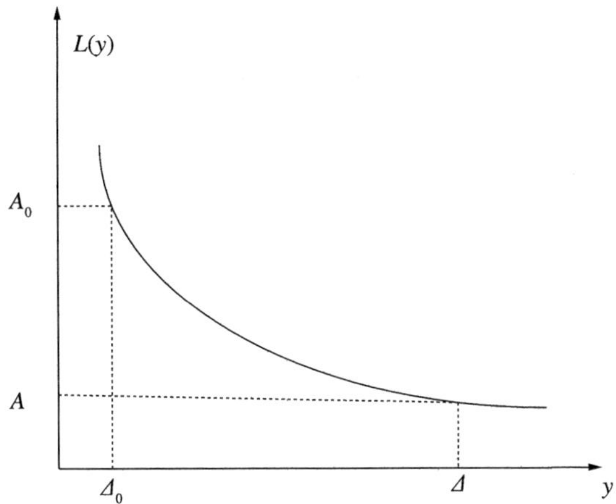

图 3.4　望大特性质量损失函数

$$L(y)=L(\infty)+\frac{L'(\infty)}{1!}\cdot\frac{1}{y}+\frac{L''(\infty)}{2!}\cdot\frac{1}{y^2}+0\left(\frac{1}{y^2}\right) \tag{3.7}$$

令 $L(\infty)=0$，$L'(\infty)=0$；再略去二阶以上的高阶项，则可得望大特性的质量损失函数为：

$$L(y)=k\frac{1}{y^2} \tag{3.8}$$

此时，损失系数 k 为：

$$k=A_0\cdot\Delta_0^2=A\cdot\Delta^2$$

3.2 质量水平评价方法的比较研究

随着科学技术水平的进一步提高，人们对商品质量的要求也越来越高。“质量是企业的生命”已成为很多企业的座右铭，如何衡量和评价质量已经成为摆在企业面前的首要问题。即使是需要进行产品质量改进的场合，也首先要对质量水平有个客观的评价，并且要明确评价质量水平的方法是否全面准确而有效。目前，应用较广泛的产品质量水平评价方法有不合格品率比较法、过程能力分析法、直观判断法、层次分析法及质量损失函数法等。实践中，经常发现应用不合格品率或者过程能力指数评价产品质量的结果显示很不错，但实际上却给企业的后续工作造成了极大的不方便，给顾客也造成了较大的损失。本书将结合实际问题对产品质量水平评价方法进行比较研究。

3.2.1 质量水平评价实践中的问题

对于质量特性的取值大小与质量成本没有关系或关系不大的情况，各种产品质量水平评价方法其评价结论没有显著差异。但在实践中，存在如下一些问题：

(1)在实际的工业产品加工领域，多数企业采用计数检验。他们判断产品质量的唯一标准是产品的规格界限，结论是合格或不合格，其理念是“质量就是符合性”。事实上，合格的产品也存在差异。

(2)对于劳动密集型行业，多数企业采用计件工资制。员工为实现利益最大化，他们在加工过程中不一定会从产品的质量本身去考虑，而只会对照产品的验收标准进行加工。

(3)有些企业以产品成本最小化为目标进行质量控制，往往会出现均值偏移的情况。对于一些评价指标为厚度尺寸的产品，如产品的镀金工艺、贵重金属板的厚度等，企业往往只会做到超出规格下限即可。

(4)对于一些望小特性的评价指标，如食品中有毒有害物质的含量、产品的杂质含量等，企业在考虑质量控制效果和经济效益的前提下，往往会靠近标准上限。

3.2.2 不同质量水平评价方法的差异

为了对产品质量水平各种评价方法进行比较研究，下面通过具体实例主要说明不合格品率、过程能力分析和质量损失函数等三种方法在产品质量水平评价中的差异。

某塑料板产品的厚度要求为 20mm ± 4mm，这种塑料板的厚度超出规格界限时，造成的损失为 100 元。现选择了 4 家企业的同类产品进行评价。分别测量了 4 家企业同型号各 30 个塑料板，这些塑料板都是在生产过程稳定的条件下抽样测量的，测量结果见表 3.1。

(1)不合格品率评价法

由于数据是在生产过程稳定的条件下测量的，所以可以近似地认为这些塑料板的厚度是服从正态分布的。为了估计 4 家企业塑料板的不合格品率，先计算 4 家企业塑料板厚度的平均值和标准偏差，计算结果见表 3.2。

表 3.1　4 家企业塑料板厚度测量结果

单位：mm

企业	实测数据									
企业A	18.65	17.44	18.59	18.15	20.73	16.83	21.36	19.95	18.65	20.94
	20.90	21.52	17.82	20.14	17.61	19.02	19.67	20.20	19.54	20.43
	20.87	20.09	21.41	21.66	20.78	19.33	19.42	21.24	18.09	20.73
企业B	18.65	17.38	18.19	19.21	18.63	17.85	17.15	17.62	17.25	17.18
	17.67	17.54	17.06	17.51	18.01	17.42	17.74	17.08	17.14	18.79
	17.65	18.71	17.75	18.09	17.18	17.28	18.32	18.71	18.18	17.47
企业C	16.94	16.32	17.67	17.55	17.95	17.27	17.32	17.23	16.94	16.79
	16.98	17.40	17.37	16.48	17.05	16.98	17.51	18.17	17.40	16.81
	17.21	16.88	17.36	17.01	17.27	17.30	17.44	17.02	17.06	17.36
企业D	18.79	19.48	19.47	20.10	20.18	20.09	17.62	22.34	24.30	19.03
	21.91	21.35	18.08	17.64	19.46	21.99	23.46	20.94	21.60	19.93
	18.59	19.71	16.60	21.29	14.77	17.54	17.87	23.52	19.35	20.44

表 3.2　4 家企业塑料板厚度的平均值和标准偏差

单位：mm

企业	A	B	C	D
平均值	19.725	17.81	17.20	19.91
标准偏差	1.37	0.6061	0.383	2.142

平均值和标准偏差确定后，4 家企业塑料板厚度的正态分布就确定了，不合格品率就是超出规格界限的概率，具体计算结果见表 3.3。

表 3.3 4 家企业塑料板的不合格品率

企业	A	B	C	D
不合格品率/%	0.60	0.43	0.08	5.67

一般认为不合格品率越低质量越好，按照这种理解，企业 C 显然是 4 家企业中质量最佳的，其次是企业 B，再次是企业 A，最后是企业 D。

(2)过程能力分析法

过程能力是反映过程加工能力的重要参数，经常用于产品质量的评价以及供应商的选择与评价。过程能力指数的计算公式为：

$$C_p = \min\left(\frac{\mathrm{USL} - \bar{y}}{3S}, \frac{\bar{y} - \mathrm{LSL}}{3S}\right)$$

如果标准中心与正态分布中心重合(即 $\bar{y} = m$)，则过程能力指数的计算公式可简化为：

$$C_p = \frac{\mathrm{USL} - \mathrm{LSL}}{6S}$$

分别计算 4 家企业塑料板的过程能力指数见表 3.4。

表 3.4 4 家企业的过程能力指数

企业	A	B	C	D
过程能力指数	0.87	0.88	1.05	0.62

一般认为过程能力指数越大质量越好，可见，企业 C 的塑料板是 4 家企业中质量最佳的，其次是企业 B，再次是企业 A，最后是

企业 D，过程能力指数的排序与不合格品率的排序是一样的。

(3)质量损失函数评价法

望目特性的质量损失函数为：

$$L(y)=k(y-m)^2$$

对该损失函数两边求数学期望，有：

$$E[L(y)]=kE(y-m)^2=k[(\mu-m)^2+\sigma^2]$$

此式即为产品质量的平均损失。

本例中，塑料板的厚度超出规格界限时，造成的损失为 100 元，所以有：

$$k=\frac{A}{\Delta^2}=\frac{100}{4^2}=6.25$$

于是，4 家企业塑料板的平均损失的计算公式为：

$$E[L(y)]=6.25\times[(\mu-m)^2+\sigma^2]$$

将塑料板厚度的目标值以及表 3.2 中 4 家企业塑料板厚度的平均值和标准偏差分别代入上式计算 4 家企业塑料板的平均损失，计算结果见表 3.5。

表 3.5　4 家企业塑料板的平均损失

企业	A	B	C	D
平均损失	12.20	32.27	49.92	28.73

很明显，平均损失越小质量越好。于是，企业 A 是 4 家企业中质量最佳的，其次是企业 D，再次是企业 B，最后是企业 C。通过质

量损失函数评价的结果与不合格品率、过程能力评价的结果完全不同。

为了进一步分析并说明问题，将三种评价方法的计算结果合并于表 3.6 进行分析。

表 3.6 三种评价方法比较

企业	A	B	C	D
平均值/mm	19.725	17.81	17.20	19.91
标准偏差/mm	1.37	0.6061	0.383	2.142
不合格品率/%	0.60	0.43	0.08	5.67
过程能力指数	0.87	0.88	1.05	0.62
平均损失	12.20	32.27	49.92	28.73

我们先分析企业 A，从表 3.6 中塑料板厚度的分布可以看出企业 A 是一个不错的制造商：该企业的产品平均厚度非常接近目标值（20mm），且公差（USL − LSL = 8mm）基本上横跨了 6 倍的标准偏差（8/1.37 = 5.84），这是比较标准的过程要求（不合格品率为 0.27%；过程能力指数 1.0）。

应该说企业 B 拥有先进的过程设备，因为该企业塑料板的标准偏差比企业 A 的一半还小。如果企业 B 将塑料板平均厚度控制在标准厚度，可以将过程能力指数提高到 2 以上，不合格品率将接近于 0 的水平。可是，该企业并没有这么做，它将平均厚度控制在 17.81mm，如此一来，他不但使过程能力指数维持在 0.88 的水平，不合格品率还降低至0.43%（比企业A更低），更重要的是该企业节省了大量的原材料，因为该企业塑料板的平均厚度比目标值少了百分之十还多。从不合格品率或者是过程能力指数来看，企业B的做法当然是正确的，问题是这种观点合理吗？可以想象，如果消费者购买了这些塑料板后用来加工自己的房子，如花房、工作室等。住了一段时间后，一次强烈的台风过后很可能发现：用企业B的塑料板造的房子要比用企业A造的房子遭受的破坏大得多，因为企业B的塑料板大部分比企业A的要薄。此时，消费者应该都会同意：企业A的塑料板比企业B的质量要好得多（而且多数质量管理专家也认为质量的好坏最终的裁判是消费者）。可是表3.6中的不合格品率或者过程能力指数都没能反映这个事实，而平均质量损失却反映出了企业A比企业B的质量好的事实。企业C的情况差不多，企业C的塑料板比企业A或企业B都更薄，应该更容易破坏，质量应该更差，可是不合格品率或者过程能力指数不但没有反映这个事实，反而显示质量更好，同样，平均损失也反映出了企业C的质量差。

企业C与企业D的比较情况是，从不合格品率或者过程能力指数看，企业C的质量应该优于企业D，而从平均损失来看企业C的质量显然要次于企业D。同样，由于企业C的塑料板厚度要比企业D小，所以企业C的质量要比企业D的差。

3.2.3 比较与结论

应用质量损失函数进行产品质量水平评价的方法要比不合格品率或者过程能力分析法更加合理一些。但也有些特殊情况，三种评价方法的结果可能是一致的。比如，对于企业A和企业D，不管是不合格品率、过程能力指数，还是平均质量损失都显示企业A的质量要优于企业D。其实从塑料板的平均厚度看的话，反映企业D的情况比企业A还要好一些，但企业D的塑料板厚度的标准偏差太大，而三种方法都同时考虑了标准偏差的影响。

3.3 本章小结

质量损失函数理论是田口方法的重要内容之一，在参数设计、产品质量评价等领域具有广泛的应用。产品质量水平的评价方法很多，对于质量特性的取值大小与质量成本没有关系或关系不大的情况，各种产品质量水平评价方法其评价结论没有显著差异。但对于一些特殊情况，如质量与成本相冲突时，这些产品质量水平评价方法的评价结论差异很大。本章系统地介绍了田口质量损失函数，包括望目特性、望小特性和望大特性三种情形，在此基础上，对各种产品质量水平评价方法进行了比较研究。研究表明，在某些特殊情形下，质量损失函数评价法具有更好的评价效果。

4

质量损失函数的改进及应用

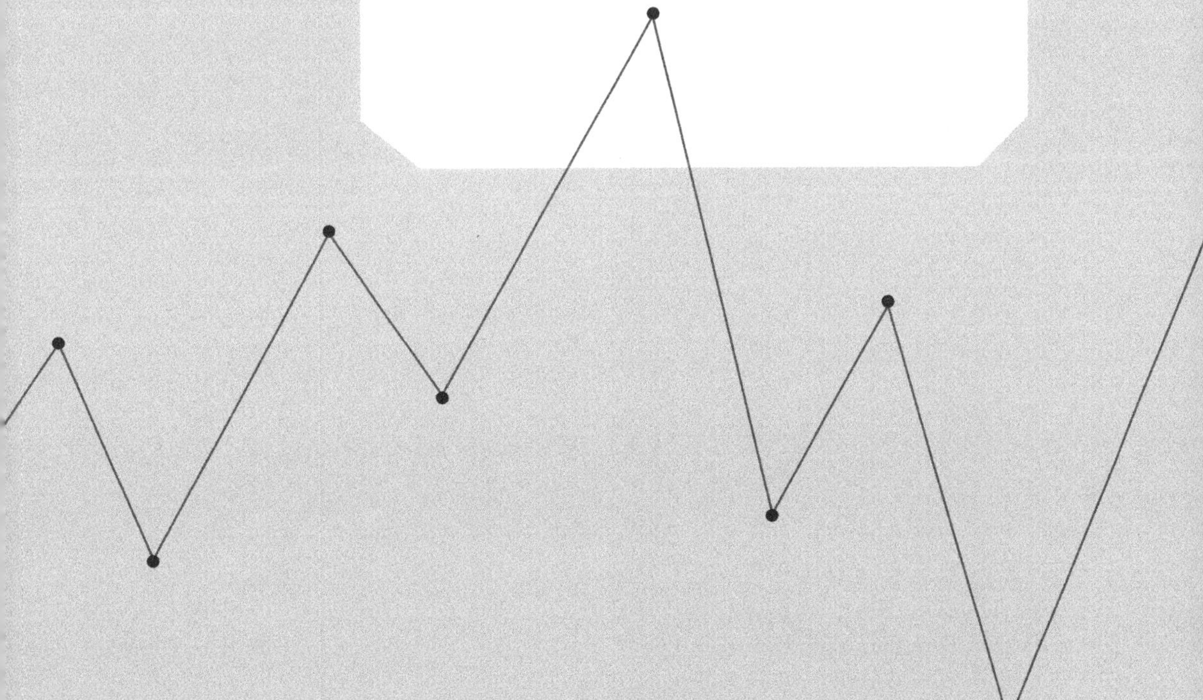

本章首先提出了不忽略一次项损失时望小特性和望大特性质量损失函数模型，针对质量特性目标不是固定值的情况提出动态特性质量损失函数，并且设计了产品分等级情形下的质量损失函数。

田口先生的质量损失观被认为是质量工程学发展的里程碑，但质量损失函数本身还存在一些不完善的地方，致使从田口方法诞生起，就在学术界引起广泛争议，这也在一定程度上影响了工业企业使用田口方法的积极性。近年来，关于质量损失函数等相关理论的研究讨论较多，但这些研究无一例外地是在接受只用二次项表示的质量损失函数的前提条件下进行的，而且多数研究集中于公差不对称情形下望目特性质量损失函数的分析，对于单侧规范限的质量损失函数研究不多。作者认为在望小特性和望大特性情况下，单纯应用二次项质量损失函数是不妥当的；对于产品分等级的场合，现有的质量损失函数是不适用的。同时，现有的田口质量损失函数是针对静态特性的，但实践中，质量特性的目标值有时会随信号因子的变化而变化，此时，望目特性质量损失函数不再适用。

本章首先讨论了望小特性和望大特性质量损失函数的不完善之处，并研究了不忽略一次项损失情况下望小特性和望大特性质量损失函数的一次项系数和二次项系数的确定方法，最后结合具体的实际问题证明改进后的质量损失函数确实较改进前更具科学性。第 3 节分别就单个质量特性和多个质量特性的情况研究了动态特性情形下的质量损失函数。第 4 节针对现实中需要分等级的情况，设计了产品分等级情形下质量损失函数，并通过实例进行了验证。

4.1 望小特性质量损失函数的改进

在目前研究田口质量损失函数的文献里，几乎无一例外地用二次项表示质量损失，既略去了一次项，又略去了高次项，这对于望小特性和望大特性情况是不妥当的(张月义，2011)。本节首先介绍望小特性质量损失函数的改进。

4.1.1 望小特性质量损失函数存在的问题

由本书第3章知道，望小特性质量损失函数建立思想是 $L(y)$ 在 $y=0$ 处的泰勒展开式：

$$L(y)=L(0)+\frac{L'(0)}{1!}y+\frac{L''(0)}{2!}y^2+0(y^2) \tag{4.1}$$

当产品的质量特性值为零时损失最小，不妨令 $L(0)=0$；又在零处取极小值，故有 $L'(0)=0$，略去泰勒展开式中二阶以上项得望小特性质量损失函数为：

$$L(y)=ky^2 \tag{4.2}$$

事实上，二次项的曲率大于一次项，它们存在交点，有的情况下二次项的值大于一次项，有的时候则相反，令一次项的损失为：$L_1(y)=k_1y$；二次项的损失为：$L_2(y)=k_2y^2$，如图4.1所示。

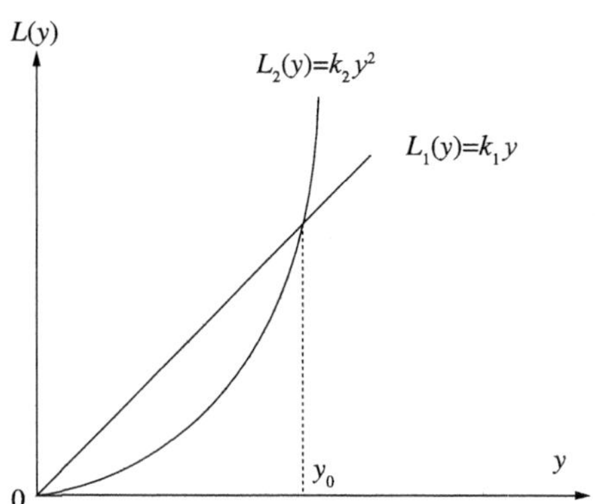

图 4.1 望小特性一次项和二次项损失关系图

从图 4.1 可以看出：当 $y<y_0$ 时，$L_1(y)>L_2(y)$；当 $y>y_0$ 时，$L_1(y)<L_2(y)$；当 $y=y_0$ 时，$L_1(y)=L_2(y)$。由此可知，只有当 $y>y_0$ 且达到一定的值时，才能忽略 $L_1(y)=k_1y$。

式(4.1)中，$L(0)$是$L(y)$的最小值，所以 $L(0)=0$。但是对于望小特性，总是 $y_i>0$，$\bar{y}>0$，即质量特性值落在 0^+ 的某个小区域内，极小点(零质量特性点)不可能达到，因此式(4.1)中 $L'(0)\neq0$，所以不能一概把一次项损失忽略。

4.1.2 望小特性质量损失函数的改进

在泰勒展开式中，虽然不能一概把一次项都忽略，但由于特性值本身较小，高次项则可以忽略，于是可以考虑将望小特性质量损失函数设计为：

$$L(y)=k_1y+k_2y^2 \tag{4.3}$$

考虑到绝对偏离量越大，质量损失越大，所以有：$k_1 \geqslant 0$，$k_2 > 0$。

设产品的容差为Δ，超出规格界限时产品为不合格品，其损失为A；产品的功能界限为Δ_0，超出功能界限时产品丧失功能，其损失为A_0，则由式(4.3)得：

$$\begin{cases} A = k_1\Delta + k_2\Delta^2 \\ A_0 = k_1\Delta_0 + k_2\Delta_0^2 \end{cases} \tag{4.4}$$

解式(4.4)得：

$$\begin{cases} k_1 = \dfrac{A\Delta_0^2 - A_0\Delta^2}{\Delta_0\Delta(\Delta_0 - \Delta)} \\ k_2 = \dfrac{A_0\Delta - A\Delta_0}{\Delta_0\Delta(\Delta_0 - \Delta)} \end{cases} \tag{4.5}$$

将式(4.5)中k_1、k_2代入式(4.3)得望小特性质量损失函数为：

$$L(y) = \frac{A\Delta_0^2 - A_0\Delta^2}{\Delta_0\Delta(\Delta_0 - \Delta)} \cdot y + \frac{A_0\Delta - A\Delta_0}{\Delta_0\Delta(\Delta_0 - \Delta)} \cdot y^2 \tag{4.6}$$

将质量损失函数分为一次项损失和二次项损失，表示为：

$$L_1(y) = \frac{A\Delta_0^2 - A_0\Delta^2}{\Delta_0\Delta(\Delta_0 - \Delta)} \cdot y \tag{4.7}$$

$$L_2(y) = \frac{A_0\Delta - A\Delta_0}{\Delta_0\Delta(\Delta_0 - \Delta)} \cdot y^2 \tag{4.8}$$

为了分析一次项损失和二次项损失的大小，取两者的比值并令其等于ω，得：

$$\frac{L_1(y)}{L_2(y)}=\frac{A\Delta_0^2-A_0\Delta^2}{A_0\Delta-A\Delta_0}\cdot\frac{1}{y}=\frac{\left(\frac{\Delta_0}{\Delta}\right)^2-\frac{A_0}{A}}{\frac{A_0}{A}-\frac{\Delta_0}{\Delta}}\cdot\frac{\Delta}{y}=\omega \tag{4.9}$$

根据式(4.9)中 ω 的大小讨论下面几种情况：

(1)当 $L_1(y)=L_2(y)$ 时，即 $\omega=1$。这就是图 4.1 中当 $y=y_0$ 时一次函数和二次函数交点，即 $y_0=\frac{\left(\frac{\Delta_0}{\Delta}\right)^2-\frac{A_0}{A}}{\frac{A_0}{A}-\frac{\Delta_0}{\Delta}}\cdot\Delta$。此时，一次项能不能忽略，取决于 y_0 的大小。在望小特性情况下，如果 y_0 很大，则一次项不能忽略；如果 $y_0\to0$，则一次项可以忽略。

(2)当 $\frac{A_0}{A}\to\left(\frac{\Delta_0}{\Delta}\right)^2$ 时，此时 $\omega\to0$，$y_0\to0$，表示一次项损失很小，一次项的损失与二次项的损失相比可忽略，如图 4.2 所示。

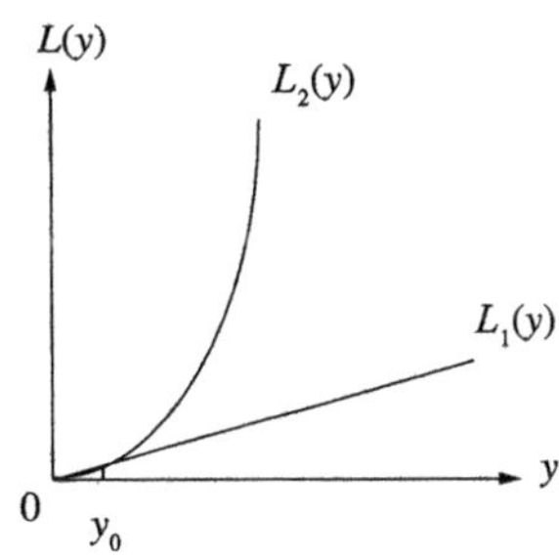

图 4.2 可忽略一次项的情况

(3)当 $\frac{A_0}{A}\to\frac{\Delta_0}{\Delta}$ 时，$\omega\to\infty$，y_0 很大，此时 $\frac{L_1(y)}{L_2(y)}$ 很大，表明一次项损失比二次项损失还大，还有可能会出现二次项的损失与一次项

损失相比可以忽略的情况，如图 4.3 所示。

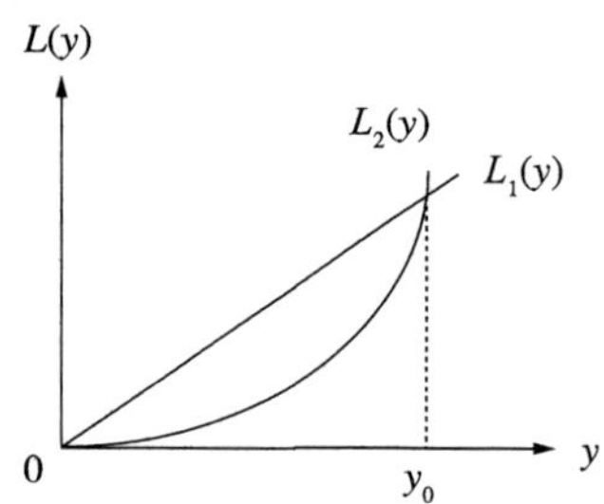

图 4.3　不能忽略一次项的情况

(4) 当$\frac{\Delta_0}{\Delta} < \frac{A_0}{A} < \left(\frac{\Delta_0}{\Delta}\right)^2$时，此时情况相对复杂，根据比值$\frac{L_1(y)}{L_2(y)}$的大小确定是否可以忽略一次项。可以考虑一个确定的判定标准：一次项损失小于二次项损失的 10%，即 $\omega < 0.1$ 时，可忽略一次项损失，否则不能忽略，如图 4.4 所示。

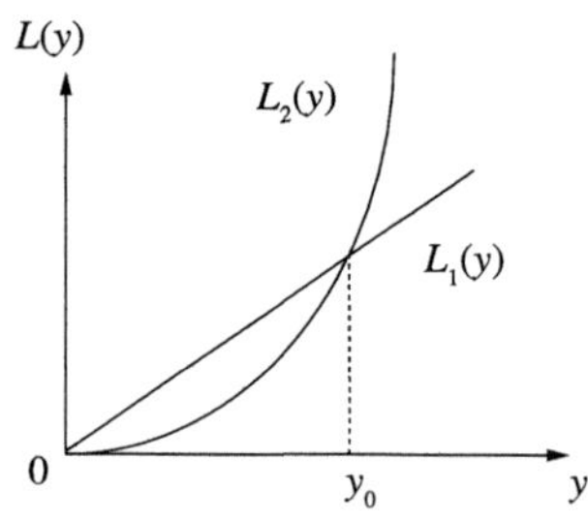

图 4.4　根据比值 ω 大小确定是否可忽略一次项的情况

(5) 由于式(4.3)中的 $k_1 \geqslant 0$，$k_2 > 0$，所以有：

$$\begin{cases} A\Delta_0^2 - A_0\Delta^2 \geqslant 0 \\ A_0\Delta - A\Delta_0 > 0 \end{cases}$$

即：

$$\begin{cases}\dfrac{A_0}{A}\leqslant\left(\dfrac{\Delta_0}{\Delta}\right)^2\\[2ex]\dfrac{\Delta_0}{\Delta}<\dfrac{A_0}{A}\end{cases}$$

于是，不存在情况$\dfrac{A_0}{A}>\left(\dfrac{\Delta_0}{\Delta}\right)^2$或$\dfrac{A_0}{A}\leqslant\dfrac{\Delta_0}{\Delta}$，出现这种情况表示参数设计不合理。

(6)式(4.3)中的 $k_1\geqslant 0$ 表明 k_1 可以等于 0，即$\dfrac{A_0}{A}=\left(\dfrac{\Delta_0}{\Delta}\right)^2$。此时，质量损失函数的形式变为：

$$L(y)=k_2y^2 \tag{4.10}$$

式(4.10)即为常见的望小特性质量损失函数的形式，该式说明：田口先生望小特性质量损失函数的形式是满足条件$\dfrac{A_0}{A}=\left(\dfrac{\Delta_0}{\Delta}\right)^2$的望小特性质量损失函数的特殊情况。对于这种情况，产品质量特性的容差可以由功能界限确定，即：$\Delta=\sqrt{\dfrac{A}{A_0}}\Delta_0$。

4.1.3 实际问题

磨损量是很多产品的望小质量特性之一。某压缩空气泵的滑动表面采用砂纸研磨法加工，15 件产品经耐久性试验后测定的磨损量数据为：0.02，0.01，0.04，0.06，0.05，0.02，0.03，0.04，

0.05，0.01，0.03，0.04，0.04，0.03，0.05，单位：mm。当磨损量 $y \geqslant 0.06$mm 时产品为不合格品，此时造成的损失为 100 元；当磨损量 $y \geqslant 0.2$mm，产品丧失使用功能，此时造成的损失为 1000 元。试求该望小特性的质量损失函数及其平均质量损失。

解：由题意可知，$A = 100$，$\Delta = 0.06$，$A_0 = 1000$，$\Delta_0 = 0.2$。将这些参数分别代入式(4.5)可以分别求得：

$k_1 = 238.1$

$k_2 = 23810$

即望小特性质量损失函数为：$L(y) = 238.1y + 23810y^2$

可以将任一测定的磨损量数据代入该质量损失函数求该产品造成的损失。其平均质量损失为：

$$\bar{L}(y) = \frac{1}{n}\sum_{i=1}^{n} L(y_i)$$

$$= 238.1 \times \frac{0.02 + \cdots + 0.05}{15} + 23810 \times \frac{0.02^2 + \cdots + 0.05^2}{15}$$

$$= 8.25 + 33.65$$

$$= 41.90(\text{元})$$

从质量损失各组成部分的大小可以看出，一次项的损失虽然小于二次项损失，但显然也不是可以直接忽略的。

4.2 望大特性质量损失函数的改进

本章第 1 节介绍了望小特性质量损失函数存在的问题及改进的

质量损失函数，本节介绍望大特性质量损失函数的改进。所谓望大特性是指质量特性值越大越好，且以无穷大为目标，波动越小越好的非负质量特性。产品的寿命、机械零件的抗压强度和抗拉强度等通常表现为望大特性。

4.2.1 望大特性质量损失函数存在的问题

由本书第 3 章知道，望大特性质量损失函数建立思想是 $L(y)$ 在 $y=\infty$ 处的泰勒展开式为：

$$L(y)=L(\infty)+\frac{L'(\infty)}{1!}\cdot\frac{1}{y}+\frac{L''(\infty)}{2!}\cdot\frac{1}{y^2}+0(\frac{1}{y^2}) \quad (4.11)$$

当产品的质量特性值达到无穷大时损失最小，不妨令 $L(\infty)=0$；又在∞处取极小值，故有 $L'(\infty)=0$，略去泰勒展开式中二阶以上项得望大特性质量损失函数为：

$$L(y)=k\cdot 1/y^2 \quad (4.12)$$

事实上，一次项曲线和二次项曲线存在交点，有的情况下二次项的值大于一次项，有的时候则相反，而且望大特性也不可能真正达到无穷大，令一次项的损失为：$L_1(y)=\frac{k_1}{y}$；二次项的损失为 $L_2(y)=\frac{k_2}{y^2}$，如图 4.5 所示。

从图 4.5 可以看出：当 $y<y_0$ 时，$L_1(y)<L_2(y)$；当 $y>y_0$ 时，$L_1(y)>L_2(y)$；当 $y=y_0$ 时，$L_1(y)=L_2(y)$。同样，只有当 $y<y_0$

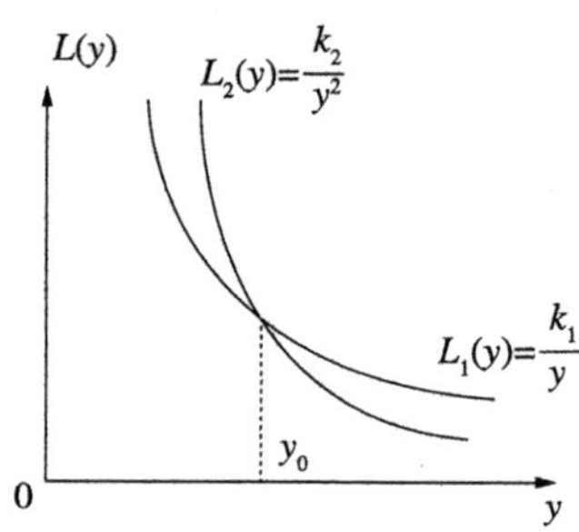

图 4.5　望大特性一次项和二次项损失关系图

且达到一定数值时，才能忽略一次项。

在式(4.11)中，$L(\infty)$是$L(y)$的最小值，所以$L(\infty)=0$。但是对于望大特性，产品质量特性值y_i不会无限大，总是一个有限数，极大值点(无穷大)达不到，所以式(4.11)中$L'(\infty)\neq0$。因此，也不能一概把一次项损失都忽略。

4.2.2　望大特性质量损失函数的改进

在泰勒展开式中，虽然我们不能一概把一次项都忽略，但由于产品质量特性值本身较大，高次项则可以忽略(张月义，2013)，于是我们可以考虑望大特性质量损失函数形式为：

$$L(y)=k_1\frac{1}{y}+k_2\frac{1}{y^2} \tag{4.13}$$

考虑到绝对偏离量越大损失越大，所以有：$k_1\geqslant0$，$k_2>0$。

设产品的容差为Δ，超出规格界限时产品为不合格品，其损失为A；产品的功能界限为Δ_0，超出功能界限时产品丧失使用功能，其损失为A_0。则由式(4.13)得：

$$\begin{cases} A = k_1 \dfrac{1}{\Delta} + k_2 \dfrac{1}{\Delta^2} \\ A_0 = k_1 \dfrac{1}{\Delta_0} + k_2 \dfrac{1}{\Delta_0^2} \end{cases} \tag{4.14}$$

解式(4.14)得：

$$\begin{cases} k_1 = \dfrac{A\Delta^2 - A_0\Delta_0^2}{(\Delta - \Delta_0)} \\ k_2 = \dfrac{\Delta\Delta_0(A_0\Delta_0 - A\Delta)}{(\Delta - \Delta_0)} \end{cases} \tag{4.15}$$

将式(4.15)中k_1，k_2代入式(4.13)得望大特性质量损失函数为：

$$L(y) = \frac{A\Delta^2 - A_0\Delta_0^2}{(\Delta - \Delta_0)} \cdot \frac{1}{y} + \frac{\Delta\Delta_0(A_0\Delta_0 - A\Delta)}{(\Delta - \Delta_0)} \cdot \frac{1}{y^2} \tag{4.16}$$

将质量损失函数分为一次项损失和二次项损失，表示为：

$$L_1(y) = \frac{A\Delta^2 - A_0\Delta_0^2}{(\Delta - \Delta_0)} \cdot \frac{1}{y} \tag{4.17}$$

$$L_2(y) = \frac{\Delta\Delta_0(A_0\Delta_0 - A\Delta)}{(\Delta - \Delta_0)} \cdot \frac{1}{y^2} \tag{4.18}$$

为了分析一次项损失和二次项损失的大小，取两者的比值并令其等于ω，得：

$$\frac{L_1(y)}{L_2(y)} = \frac{A\Delta^2 - A_0\Delta_0^2}{\Delta\Delta_0(A_0\Delta_0 - A\Delta)} \cdot y = \frac{\left(\dfrac{\Delta}{\Delta_0}\right)^2 - \dfrac{A_0}{A}}{\dfrac{A_0}{A} - \dfrac{\Delta}{\Delta_0}} \cdot \frac{y}{\Delta} = \omega \tag{4.19}$$

根据式(4.19)中 ω 的大小讨论下面几种情况：

(1)当 $L_1(y)=L_2(y)$ 时，即 $\omega=1$。这就是图4.5中 $y=y_0$ 时一次函数和二次函数交点，即 $y_0=\dfrac{\dfrac{A_0}{A}-\dfrac{\Delta}{\Delta_0}}{\left(\dfrac{\Delta}{\Delta_0}\right)^2-\dfrac{A_0}{A}}\cdot\Delta$。此时，一次项能不能忽略，取决于 y_0 的大小。在望大特性情况下，如果 y_0 很大，$y_0\to\infty$，则一次项可以忽略；如果 y_0 不是很大，则一次项不能忽略。

(2)当 $\dfrac{A_0}{A}\to\left(\dfrac{\Delta}{\Delta_0}\right)^2$ 时，此时 $\omega\to 0$，表示一次项的损失与二次项的损失相比可忽略，且一次函数和二次函数的交点 $y_0=\dfrac{\dfrac{A_0}{A}-\dfrac{\Delta}{\Delta_0}}{\left(\dfrac{\Delta}{\Delta_0}\right)^2-\dfrac{A_0}{A}}\cdot\Delta$ 趋于无穷大，此时一次项可以忽略，如图4.6所示。

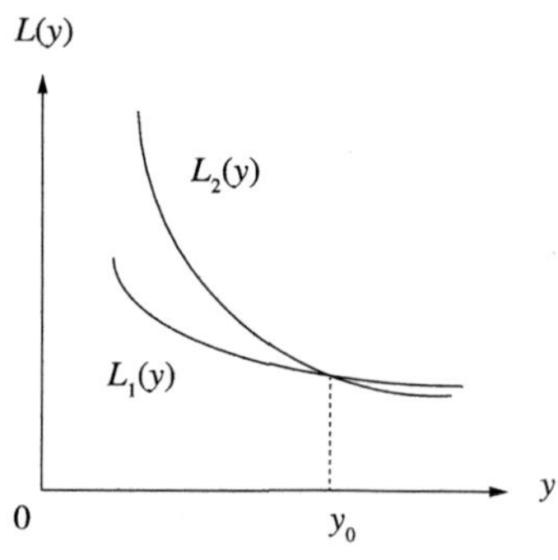

图4.6 可忽略一次项的情况

(3)当 $\dfrac{A_0}{A}\to\dfrac{\Delta}{\Delta_0}$ 时，$\omega\to\infty$，此时 $\dfrac{L_1(y)}{L_2(y)}$ 很大，表明此时一次项损失比二次项损失还大，还有可能会出现二次项的损失与一次项损失

相比可以忽略的情况，此时一次函数和二次函数的交点 $y_0 = \dfrac{\dfrac{A_0}{A} - \dfrac{\Delta}{\Delta_0}}{\left(\dfrac{\Delta}{\Delta_0}\right)^2 - \dfrac{A_0}{A}} \cdot \Delta$ 很小，表明虽然质量特性越大越好，但实际取值并不是很大，所以不能忽略一次项，如图 4.7 所示。

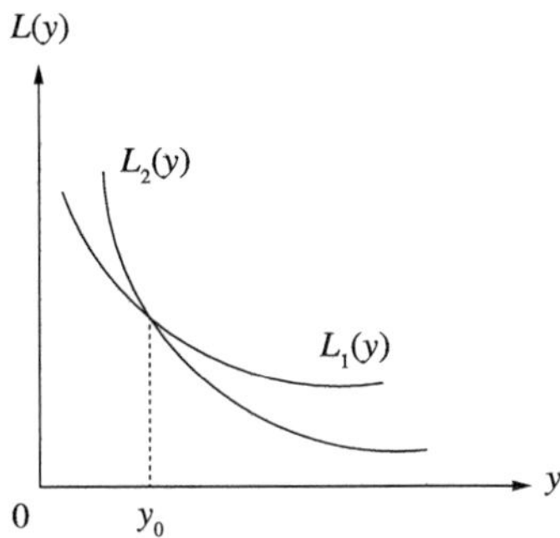

图 4.7 不能忽略一次项的情况

(4) 当 $\dfrac{\Delta}{\Delta_0} < \dfrac{A_0}{A} < \left(\dfrac{\Delta}{\Delta_0}\right)^2$ 时，此时情况相对复杂，根据比值 $\dfrac{L_1(y)}{L_2(y)}$ 的大小确定是否可以忽略一次项。用 $\bar{y}$ 代替式(4.19)中的 y，即计算下式的大小为：

$$\frac{L_1(y)}{L_2(y)} = \frac{\left(\dfrac{\Delta}{\Delta_0}\right)^2 - \dfrac{A_0}{A}}{\dfrac{A_0}{A} - \dfrac{\Delta}{\Delta_0}} \cdot \frac{\bar{y}}{\Delta} = \omega$$

一般情况下有 $\bar{y} > \Delta$。当 ω 很小时，一次项可以忽略；ω 较大时，一次项不能忽略。可以考虑一个确定的判定标准：一次项损失小于二次项损失的 10%，即 $\omega < 0.1$ 时，可忽略一次项损失，否则

不能忽略，如图 4.8 所示。

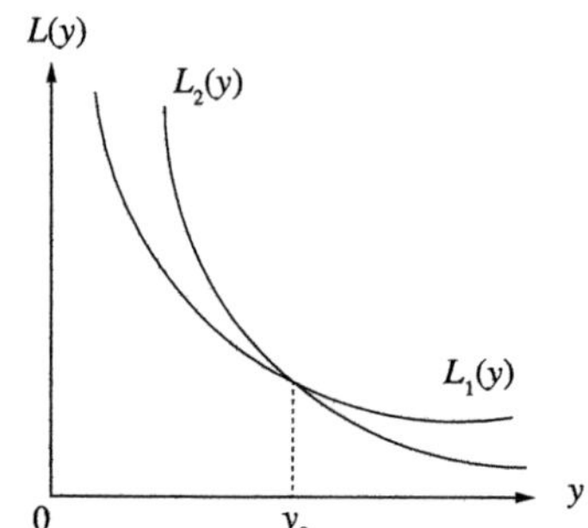

图 4.8　根据比值 ω 大小确定是否可忽略一次项的情况

(5)由于式(4.13)中的 $k_1 \geqslant 0$，$k_2 > 0$，所以有：

$$\begin{cases} A\Delta^2 - A_0\Delta_0^2 \geqslant 0 \\ A_0\Delta_0 - A\Delta > 0 \end{cases}$$

即：

$$\begin{cases} \dfrac{A_0}{A} \leqslant \left(\dfrac{\Delta}{\Delta_0}\right)^2 \\ \dfrac{\Delta}{\Delta_0} < \dfrac{A_0}{A} \end{cases}$$

于是，不存在情况 $\dfrac{A_0}{A} > \left(\dfrac{\Delta}{\Delta_0}\right)^2$ 或 $\dfrac{\Delta}{\Delta_0} \leqslant \dfrac{A_0}{A}$，出现这种情况表示参数设计不合理。

(6)式(4.13)中的 $k_1 \geqslant 0$ 表明 k_1 可以等于 0，即 $\dfrac{A_0}{A} = \left(\dfrac{\Delta}{\Delta_0}\right)^2$。此时，质量损失函数的形式变为：

$$L(y) = k_2 \frac{1}{y^2} \tag{4.20}$$

式(4. 20)即为常见的望大特性质量损失函数，该式说明：田口先生望大特性质量损失函数是满足条件$\frac{A_0}{A} = \left(\frac{\Delta}{\Delta_0}\right)^2$的望大特性质量损失函数的特殊情况。对于这种情况，产品质量特性的容差可以由功能界限确定，即：$\Delta = \sqrt{\frac{A_0}{A}}\Delta_0$。

4. 2. 3 实际问题

屈服强度是很多钢铸件的重要特性之一，且往往要求钢铸件的屈服强度越大越好。测量 10 件某耐热钢铸件的屈服强度得到的数据为：623，546，569，632，545，675，438，493，586，567，单位为N/mm^2。当屈服强度 $y < 450N/mm^2$时产品为不合格品，此时造成的损失为 80 元；当屈服强度 $y < 200N/mm^2$时，产品丧失使用功能，此时造成的损失为 300 元。试求该钢铸件屈服强度的质量损失函数及其平均质量损失。

解：由题意可知，$A = 80$，$\Delta = 450$，$A_0 = 300$，$\Delta_0 = 200$。将这些参数分别代入式(4. 15)可以分别求得：

$k_1 = 16800$

$k_2 = 8640000$

即望大特性质量损失函数为：$L(y) = 16800 \times \frac{1}{y} + 8640000 \times \frac{1}{y^2}$

可以将任一测定的屈服强度数据代入该质量损失函数求该产品

造成的损失。其平均质量损失为：

$$\bar{L}(y)=\frac{1}{n}\sum_{i=1}^{n}L(y_i)$$

$$=\frac{1}{10}\times 16800\times\left(\frac{1}{623}+\cdots+\frac{1}{567}\right)+$$

$$\frac{1}{10}\times 8640000\times\left(\frac{1}{623^2}+\cdots+\frac{1}{567^2}\right)$$

$$=30.028+28.022$$

$$=58.05(\text{元})$$

从质量损失各组成部分的大小可以看出，一次项的损失比二次项损失还要大，故不能忽略一次项的损失。

4.3 动态特性的质量损失函数研究

在目前的田口质量损失函数中，都是针对质量特性的目标值为固定值的情况。事实上，有些质量特性的目标值是通过改变一定的信号因子水平予以实现的，这种质量特性称为动态特性。实践中动态特性的情况更为常见，如染料的染色性能、轧钢机轧制钢板的厚度、车床对零件的切削深度等都是产品中的动态特性。因此，很多工程师和统计学家都更为重视动态特性的参数设计。

4.3.1 动态特性的概念

质量特性是指“产品、过程或体系与要求有关的固有特性”。产品质量特性是指产品满足要求的固有特性，包括：产品性能、寿命、可靠性、安全性、经济性等。产品的性能是指产品应达到使用功能的要求，如电视机图像好，声音清晰，即是性能的体现；产品的寿命是指产品在规定条件下，满足规定功能要求的工作期限；产品的可靠性是指产品在规定时间和规定条件下，完成规定功能的能力，如产品无故障工作时间、精度保持时间长短等；产品的安全性是指产品在流通和使用过程中保证安全的程度；产品的经济性是指产品寿命周期费用的大小，即产品的使用成本。产品质量特性一般可分为静态质量特性和动态质量特性两大类。

(1)静态质量特性

静态质量特性主要有望目特性、望小特性、望大特性以及计件特性和计点特性。

1)望目特性

设目标值为 m，质量特性 y 围绕目标值波动，希望波动越小越好，则 y 被称为望目特性，例如：加工某一轴件图纸规定 10mm ± 0.05mm，加工轴件的实际直径尺寸就是望目特性，其目标值 m = 10mm。

2）望小特性

不取负值，希望质量特性 y 越小越好，波动越小越好，则 y 被称为望小特性。比如：测量误差、合金所含的杂质、轴件的不圆度等特性属于望小特性。

3）望大特性

不取负值，希望质量特性 y 越大越好，波动越小越好，则 y 被称为望大特性。比如：零件的强度、灯泡的寿命等均为望大特性。

（2）动态质量特性

动态质量特性是指按既定的意志或目标，改变一定的信号因子水平，也就是改变输入值，希望能使系统的输出特性随着输入的变化而相应地变化，且波动越小越好。也就是说，目标值随着信号因子水平的变化而相应变化，且波动越小越好的特性就称之为动态特性。信号因子是指在所考察指标数值的平均值与目标值不一致而需进行调整或校正时，作为调整或校正手段的因子。如在稳压电源电路的设计中，校正输出电压对目标值偏差，可以通过调整电阻来实现，这时电阻就是信号因子；对于控制汽车转弯方向的试验，方向盘的转向角就是一种信号因子，当道路驾驶环境发生变化时，驾驶员可以通过调整方向盘的转向角来改变汽车的转弯半径，满足自己的驾驶需求。动态特性主要有主动型和被动型两种类型。无论是主动型还是被动型动态特性，对动态特性有三项要求。

1）线性度

输出特性 y 与信号因子 M 之间应当有较强的线性关系，即

$$y = \alpha + \beta M + \xi \tag{4.21}$$

2)灵敏度

斜率β就是灵敏度，对信号因子M应有较高的敏度，线性度越好，灵敏度越高，输出特性就易于调整(主动型)或者便于校正(被动型)。

3)波动

输出特性抗干扰性好，波动就小。在公式中，ε的大小反映了噪声干扰的强弱。通常假定ε服从正态分布，因此若方差小，则输出特性y的波动小，抗干扰性好。

(3)田口方法中的动态特性

田口方法中的动态特性有零点比例式、基准点比例式和线性式三种。

1)零点比例式

零点比例式是指输入值在信号因子为零时其输出值亦为零即此线性关系会通过原点的特性。设信号因子的真值为M，输出特性y与信号因子M的关系为零点比例式，则其模型可以表示为:

$$y = \beta M + \xi \tag{4.22}$$

式中，比例系数β是M变化一个单位时，y的变化量，即灵敏性；ξ是随机误差。

2)基准点比例式

如果使用了基准样本，就可以使用基准点比例式，输出应等于基准点的观察值。设信号因子M的真值已知，M_S为基准点，输出

特性 y 与信号因子 M 的关系为基准点比例式，则其模型可以表示为：

$$y-\bar{y}_S=\beta(M-M_S)+\xi \tag{4.23}$$

式中 $\bar{y}_S$ 是基准点输出特性的平均值。

3)线性式

当对输入输出关系没有特定约束时，就是线性式。如研究血压计，对何处血压为零并不重要，回归直线是否通过原点也无所谓，此时就可采取线性式。假定输出特性 y 与信号因子 M 的关系为线性式，则其模型可以表示为：

$$y=\alpha+\beta(M-\overline{M})+\xi \tag{4.24}$$

零点比例式和基准点比例式是线性式的特殊情况。

在本书之前的讨论中，都是针对质量特性的目标值为固定值的情况，但是在实际生活中，过程的输出为动态特性的情况非常多，比如：

①车床加工问题。如果要求加工的轴承直径目标值为 30mm，就设置工艺条件使得轴承直径与 30mm 越接近越好，这实际上就是静态的望目特性情况。如果对轴承直径有多种选择，只要采用不同的切割深度就会导致轴承直径的变化，此时，就希望不同的切割深度生产出来的轴承直径都能与其相应的目标最接近。轴承的生产过程可以看作一个系统，切割深度为信号因子，轴承直径是输出特性，要研究的问题为轴承直径是如何受信号因子切割深度变化影响的。

②汽车的速度是典型的动态特性，有时需要快一些，有时需要慢一些。司机通过加速器来控制汽车的速度，司机给加速器一个信号就可以调节汽车的速度；汽车的转向装置也属于动态特性，在汽车行驶中常常需要变换方向，是靠扭转方向盘实现的，只要司机将方向盘扭转不同的角度，汽车就会转向不同的方向。

③各种测量系统测量值都是动态特性，如使用仪器去测量不同重量的物体，就能得到不同的测量值，这种情况本书将在第 6 章着重研究。

针对动态特性的质量损失函数，可以分为单个质量特性与多个质量特性两种情况，对于多个质量特性有时也称为多变量情形。此时，可能会出现有些质量特性为望目特性，有些为望大特性，有些是望小特性，实践中，各种不同的可能性都会出现（张月义等，2010）。本书关于动态特性质量损失函数的研究从望目特性开始，但研究结果表明，望小特性和望大特性情况也是如此。

4.3.2 单个质量特性的质量损失函数

不失一般性，设有 n 个信号因子，M_1，M_2，…，M_n，对每个信号因子进行 r_0 次重复试验，输出的质量特性如表 4.1 所示。

表 4.1　动态特性数据表

信号因子 M_i	j					$\sum$
	1	2	3	…	r_0	
M_1	y_{11}	y_{12}	y_{13}	…	y_{1r_0}	T_1
M_2	y_{21}	y_{22}	y_{23}	…	y_{2r_0}	T_2
⋮	⋮	⋮	⋮	⋮	⋮	⋮
M_n	y_{n1}	y_{n2}	y_{n3}	…	y_{nr_0}	T_n
$\sum$						T

又假设产品的动态特性为 y，$y \sim N(\alpha+\beta M,\ \sigma^2)$，即：

$$y=\alpha+\beta M+\varepsilon \tag{4.25}$$

式中，M 为信号因子，$\varepsilon \sim N(0,\ \sigma^2)$。

下面，从田口先生望目特性质量损失函数思想出发来探讨动态特性的质量损失函数。对于动态特性，与望目特性不同的是：目标值 m 不是固定值，而是一个随信号因子变化而变化的目标函数，即有：

$$m=\alpha+\beta M \tag{4.26}$$

对比望目特性的质量损失函数 $L(y)=k(y-m)^2$，可以定义动态特性的质量损失函数为：

$$L(y)=k\left[y-(\alpha+\beta M)\right]^2 \tag{4.27}$$

对式(4.27)求数学期望得，并将式(4.25)代入得：

$$E[L(y)]=E\{k[y-(\alpha+\beta M)]^2\}=kE[y-(\alpha+\beta M)]^2=k\sigma^2$$

简记为：

$$E[L(y)]=k\sigma^2 \tag{4.28}$$

式(4.28)表明，动态特性质量损失只与损失系数和σ^2有关。损失系数k的确定方法与田口先生望目特性情况一致，当知道输出特性值与目标值偏离Δ时的损失为A元时，则可由式(4.27)可得：

$$k=A/\Delta^2 \tag{4.29}$$

因此，动态特性质量损失函数的关键是确定残差平方和σ^2的大小。虽然是从望目特性开始推导质量损失函数，但从式(4.28)可以看出，无论是望目特性还是望小特性或者望大特性，该质量损失函数都适用。

根据最小二乘法原理，动态特性的质量损失函数确定步骤为：

(1)求α，β的估计值

$$\hat{\beta}=\frac{S_{My}}{S_{MM}}=\frac{\sum_{i=1}^{n}\sum_{j=1}^{r_0}(M_i-\overline{M})(y_{ij}-\overline{y})}{\sum_{i=1}^{n}\sum_{j=1}^{r_0}(M_i-\overline{M})^2}=\frac{\sum_{i=1}^{n}(M_i-\overline{M})T_i}{r_0\sum_{i=1}^{n}(M_i-\overline{M})^2}$$

记：$r=r_0\sum_{i=1}^{n}(M_i-\overline{M})^2$

则有：

$$\hat{\beta}=\frac{1}{r}\sum_{i=1}^{n}(M_i-\overline{M})T_i \tag{4.30}$$

$$\hat{\alpha}=\overline{y}-\hat{\beta}\overline{M} \tag{4.31}$$

(2)进行波动平方和分解

总波动平方和S_T为：

$$S_T = \sum_{i=1}^{n} \sum_{j=1}^{r_0} (y_{ij} - \bar{y})^2 = \sum_{i=1}^{n} \sum_{j=1}^{r_0} y_{ij}^2 - \frac{T^2}{nr_0} \tag{4.32}$$

其自由度为：

$$f_{总} = nr_0 - 1 \tag{4.33}$$

回归引起的波动平方和 S_β 为：

$$S_\beta = \frac{1}{r} \left[\sum_{i=1}^{n} (M_i - \bar{M}) T_i \right]^2 \tag{4.34}$$

相应自由度为：

$$f_\beta = 1 \tag{4.35}$$

试验误差引起的波动平方和 S_e 为：

$$S_e = S_T - S_\beta \tag{4.36}$$

相应自由度为：

$$f_e = nr_0 - 2 \tag{4.37}$$

(3)试验误差方差的估计值

$$\hat{\sigma}^2 = V_e = \frac{S_e}{f_e} = \frac{S_T - S_\beta}{nr_0 - 2} \tag{4.38}$$

(4)动态特性质量损失的估计值

由式(4.28)和式(4.38)得动态特性的质量损失函数的估计式为：

$$\hat{L}(y) = k \cdot \frac{S_T - S_\beta}{nr_0 - 2} \tag{4.39}$$

4.3.3 实际问题

为了改善一台切割机的加工性能，比较它们在不同切割速度

B_1 =60m/min，B_2 =80m/min，B_3 =100m/min 时的操作性能。假定切割量与切割深度成线性关系，切割深度作为信号因子，M_1 = 0.1mm，M_2 =0.2mm，M_3 =0.3mm，考虑的误差因素(可以是试验人员等)R 为：R_1，R_2，R_3。分别对不同切割速度进行一次试验，试验结果见表 4.2 所示。

表 4.2　切割试验数据表

单位：mm

信号因子		M_1 =0.1mm	M_2 =0.2mm	M_3 =0.3mm
B_1	R_1	0.096	0.190	0.286
	R_2	0.097	0.192	0.284
	R_3	0.093	0.191	0.289
	$\sum$	0.286	0.573	0.859
B_2	R_1	0.098	0.197	0.288
	R_2	0.097	0.196	0.290
	R_3	0.099	0.197	0.289
	$\sum$	0.294	0.590	0.867
B_3	R_1	0.094	0.189	0.278
	R_2	0.095	0.188	0.281
	R_3	0.091	0.182	0.280
	$\sum$	0.28	0.559	0.839

下面首先计算切割速度 B_1 =60m/min 的情况。由式(4.32)和式(4.33)计算总波动平方和 S_T及其自由度$f_{总}$：

$$S_T = \sum_{i=1}^{n}\sum_{j=1}^{r_0} y_{ij}^2 - \frac{T^2}{nr_0} = 0.382692 - \frac{1.718^2}{9} = 0.05474$$

其自由度为：$f_{总} = nr_0 - 1 = 9 - 1 = 8$

有效除数为：$r = r_0 \sum_{i=1}^{n} (M_i - \overline{M})^2 = 3[(0.1 - 0.2)^2 + (0.2 - 0.2)^2 + (0.3 - 0.2)^2] = 0.06$

于是，由式(4.34)和式(4.35)计算线性关系引起的波动平方和 S_β 为：

$$S_\beta = \frac{1}{r}[\sum_{i=1}^{n}(M_i - \overline{M})T_i]^2$$

$$= \frac{1}{0.06}[(0.1 - 0.2)\times 0.286 + (0.2 - 0.2)\times 0.573 + (0.3 - 0.2)\times 0.859]^2$$

$$= 0.05472$$

相应自由度为：$f_\beta = 1$

由式(4.36)和式(4.37)计算试验误差因素引起的波动平方和得：

$$S_e = S_T - S_\beta = 0.05474 - 0.05472 = 0.00002$$

相应自由度为：$f_e = nr_0 - 2 = 7$

由式(4.38)计算试验误差方差的估计值为：

$$\hat{\sigma}^2 = V_e = \frac{S_e}{f_e} = \frac{0.00002}{7} = 0.0000029$$

用同样的方法分别计算切割速度分别为 $B_2 = 80$m/min 和 $B_3 = 100$m/min 的各类平方和及其相应自由度，计算结果汇总在表 4.3。

表 4.3 数据计算结果表

切割速度	S_T	f_T	S_β	f_β	S_e	f_e	V_e
B_1	0.05474	8	0.05472	1	0.00002	7	0.0000029
B_2	0.05475	8	0.05472	1	0.00003	7	0.0000043
B_3	0.05212	8	0.05208	1	0.000042	7	0.000006

假设切割量超出规定的目标值 ±0.01 时造成的损失为 5 元，由此可得损失系数为：

$$k=\frac{A}{\Delta^2}=\frac{5}{0.01^2}=50000$$

(1) 当切割速度 $B_1=60\text{m/min}$ 时：

$$\hat{L}_1(y)=kV_{e1}=50000\times 0.0000029=0.145(\text{元})$$

(2) 当切割速度 $B_2=80\text{m/min}$ 时：

$$\hat{L}_2(y)=kV_{e2}=50000\times 0.0000043=0.215(\text{元})$$

于是有：

$$\Delta L_{12}=\hat{L}_2(y)-\hat{L}_1(y)=0.07(\text{元})$$

如果每年工作 300 天，每天切割 500 个零件，则与切割速度 $B_2=80\text{m/min}$ 相比，如果采用切割速度 $B_1=60\text{m/min}$ 一年减少损失为：

$$Z=\Delta L_{12}\times 300\times 500=1.05(\text{万元})$$

(3) 当切割速度 $B_3=100\text{m/min}$ 时：

$$\hat{L}_3(y)=kV_{e3}=50000\times 0.000006=0.3(\text{元})$$

如果将切割速度从 $B_2=80\text{m/min}$ 提高到 $B_3=100\text{m/min}$ 损失从 0.215 元提高到 0.3 元，所以不划算。

因此，认为以切割速度 $B_1=60\text{m/min}$ 为最好的切割速度，此时，造成的损失最小。当然，还可以进行下一阶段试验设计，在切割速度 60m/min 附近取几个水平重新试验，寻找更好的切割速度。

4.3.4 多个质量特性的质量损失函数

在很多场合，给出一个信号会有几个动态响应，比如很多化工产品，随着反映温度改变，产品的很多性能相应变化。在印染工作中，温度的改变会引起染料的着色度、布面的光洁度及平展性，这就是多个质量特性的动态特性问题。

对于多个质量特性情况，确定其质量损失函数首先应该满足两个条件：

(1)一是对于每个质量特性，其质量损失函数的确定方式与单个质量特性情况一致；

(2)所有质量特性的波动损失应该为单个质量特性的损失之和，因为每个质量特性的质量损失函数其量纲统一，所以可以对所有损失求和。

不失一般性，假设有 u 个质量特性($h=1, 2, \cdots, u$)，对于 k 个信号 M_1，M_2，…，M_k，在每个信号下对应地进行 r_0 次试验，则得如下数学模型：

$$y_{hij}=\alpha_h+\beta_h M_i+\varepsilon_{hij} \tag{4.40}$$

式(4.40)中 $\varepsilon_{hij}\sim N(0,\ \sigma_h^2)$，$(h=1,\ 2,\ \cdots,\ u;\ i=1,\ 2,\ \cdots,\ n;\ j=1,\ 2,\ \cdots,\ r_0)$。

对于其中的任一个质量特性，按照单个质量特性方法确定损失函数的估计式为：

$$\hat{L}_h(y)=k_h V_{eh}=k_h\cdot\frac{S_{Th}-S_{\beta h}}{nr_0-2} \tag{4.41}$$

损失系数的确定方法也与单个质量特性情况一致，当知道任一动态特性 Y_h的输出特性偏离目标值 $m_h=\alpha_h+\beta_h M$ 的大小为 Δ_h 时相应的损失为 A_h，则得该动态特性的损失系数为：$k_h=\dfrac{A_h}{\Delta_h^2}$。

考虑到 u 个质量特性$(h=1,\ 2,\ \cdots,\ u)$，得总的质量损失函数的估计式为：

$$\hat{L}(y)=\sum_{h=1}^{u}\hat{L}_h(y)=\sum_{h=1}^{u}k_h V_{eh}=\frac{1}{nr_0-2}\sum_{h=1}^{u}k_h\cdot(S_{Th}-S_{\beta h}) \tag{4.42}$$

4.3.5 实际问题

某厂生产的钢丝镀锌质量不稳定，时好时坏，并引起后道工序出现大模、黑丝、脆丝等问题，废品率较高。为解决钢丝镀锌质量问题，提高镀锌质量稳定性、减少废品率，比较它们在不同炉温 $B_1=460℃$，$B_2=480℃$，$B_3=500℃$时的工艺条件。假定镀锌层面密度和镀锌层厚度与$ZnSO_4$浓度成线性关系，$ZnSO_4$浓度作为信号因子，$M_1=150g/L$，$M_2=200g/L$，$M_3=250g/L$，考虑的误差因素(可以是试验人员等)R为：R_1，R_2，R_3。分别对不同炉温进行一次试验，试验结果见表4.4。

表4.4 试验数据表

信号因子		$M_1=150g/L$		$M_2=200g/L$		$M_3=250g/L$	
		面密度y_1/(g/mm^2)	厚度y_2/μm	面密度y_1/(g/mm^2)	厚度y_2/μm	面密度y_1/g/mm^2	厚度y_2/μm
B_1	R_1	512	14	547	14	548	15
	R_2	521	13	538	16	553	15
	R_3	519	12	542	15	545	17
	$\sum$	1552	39	1627	45	1646	47
B_2	R_1	532	15	552	16	558	17
	R_2	528	14	554	15	551	15
	R_3	535	16	543	17	548	17
	$\sum$	1595	45	1649	48	1657	49
B_3	R_1	537	14	556	16	551	17
	R_2	535	15	546	16	545	15
	R_3	534	12	551	15	549	18
	$\sum$	1606	41	1653	47	1645	50

下面采用与单个质量特性完全一样的程序计算质量特性镀锌层面密度和镀锌层厚度的各种波动平方和，计算结果分别见表4.5和表4.6。

表 4.5 镀锌层面密度(y_1)数据计算结果

炉温	S_T	f_T	S_β	f_β	S_e	f_e	V_e
B_1	1764.89	8	1472.67	1	292.21	7	41.74
B_2	904.22	8	640.67	1	263.55	7	37.65
B_3	494.89	8	253.5	1	241.39	7	34.48

表 4.6 镀锌层厚度(y_2)数据计算结果

炉温	S_T	f_T	S_β	f_β	S_e	f_e	V_e
B_1	18.22	8	10.67	1	7.55	7	1.078
B_2	9.56	8	2.67	1	6.89	7	0.984
B_3	24	8	13.5	1	10.5	7	1.5

假设镀锌层面密度超出规定的目标值 $\pm 50\text{g/mm}^2$ 时造成的损失为 25 元，由此可得镀锌层面密度损失系数为：

$$k_1 = \frac{A_1}{\Delta_1^2} = \frac{25}{50^2} = 0.01$$

再假设镀锌层厚度超出规定的目标值 $\pm 5\mu\text{m}$ 时造成的损失为 10 元，由此可得镀锌层厚度损失系数为：

$$k_2 = \frac{A_2}{\Delta_2^2} = \frac{10}{5^2} = 0.4$$

(1) 当炉温 $B_1 = 460℃$ 时：

$$\hat{L}_1(y_1) = k_1 V_{e1} = 0.01 \times 41.74 = 0.4174(\text{元})$$

$$\hat{L}_1(y_2) = k_2 V_{e1} = 0.4 \times 1.078 = 0.4312(\text{元})$$

于是有：

$$\hat{L}_{1总}(y)=0.4174+0.4312=0.8486(元)$$

(2) 当炉温 $B_2=480℃$ 时：

$$\hat{L}_2(y_1)=k_1V_{e2}=0.01\times37.65=0.3765(元)$$

$$\hat{L}_2(y_2)=k_2V_{e2}=0.4\times0.984=0.3936(元)$$

于是有：

$$\hat{L}_{2总}(y)=0.3765+0.3936=0.7701(元)$$

当温度从460℃增加到480℃时，增加的投入为0.07元/mm^2。所以当温度从460℃增加到480℃时，企业可减少的投入为：

$$\Delta L_{12}=\hat{L}_{1总}(y)-\hat{L}_{2总}(y)-0.07=0.0085(元)$$

如果每年工作300天，每天镀锌5m^2，则与炉温 $B_1=460℃$ 相比，如果采用炉温 $B_2=480℃$，一年减少的投入为：

$$Z=\Delta L_{12}\times300\times5\times10^6=1275(万元)$$

(3) 当炉温 $B_3=500℃$ 时：

$$\hat{L}_3(y_1)=k_1V_{e3}=0.01\times34.48=0.3448(元)$$

$$\hat{L}_3(y_2)=k_2V_{e3}=0.4\times1.5=0.6(元)$$

于是有：

$$\hat{L}_{3总}(y)=0.3448+0.6=0.9448(元)$$

从480℃增加到500℃时损失从0.7701元提高到0.9448元，而且提高温度还要增加成本，所以得不偿失，不合理。

因此，认为以炉温 $B_2=480℃$ 为最好的炉温，此时，造成的损失最小。当然，还可以进行下一阶段试验设计，在炉温 $B_2 = 480$℃附近取几个水平重新试验，寻找更好的炉温。

4.4 产品分等级情形的质量损失函数设计

质量损失函数除了特别适用于产品质量水平的评价外，也经常被用于容差设计。容差指实际参数值允许变动的范围，也就是从经济角度考虑允许质量特性值的波动范围，对产品的制造成本和质量损失都有重要影响。研究表明，在设计的早期阶段所犯的错误往往会使生产成本高达70%。故而在许多工业领域，容差设计已成为产品设计过程中的关键要素，容差设计就是通过研究容差范围与质量成本之间的关系，对质量和成本进行综合平衡。它的目的是在参数设计阶段确定的最佳条件的基础上，确定各个参数合适的容差，使总损失达到最小或者使得质量与成本之间达到最佳状态。现有的容差设计模型都需要使用数值方法，如拉格朗日乘数、迭代相对灵敏度分析、蒙特卡罗模拟、遗传算法等数学方法。田口三次设计的第三个阶段就是容差设计，因此许多学者已经注意到质量损失函数在容差设计中的应用，验证了用田口质量损失函数进行容差设计具有良好的实际效果，并对其进行了改进。

本章前几节对典型质量损失函数进行了改进与应用。现实中很多时候存在产品分等级的情况，但改进后的质量损失函数对于产品分等级的容差设计仍然不适应，而产品分等级的情况又是普遍存在的(Zhang 等，2016)。在工业生产中，出于对用户利益的保护和促进企业提高产品质量，工厂常将产品不同的质量水平分为几个等级，每个等级有不同的价格，实行“优质优价”。比如化工产品中某种主成分的含量不同，等级不同，销售价也不同。作为生产者，需要在企业生产能力的前提下考虑产品不同等级对企业经济效益的影响，即不同等级产品的生产成本与销售价格之间的关系，从而找到一个实现最大利润的产品结构计划，这就离不开对分等级产品质量损失函数的研究。

4.4.1 望目特性的情形

所谓望目特性系指输出特性存在目标值 m，希望特性值与目标值的偏差越小越好且波动越小越好的非负质量特性。望目特性在工业生产中最为常见，其产品质量的好坏常以不同的等级来表示，电子产品最为典型。现在来建立其质量损失函数。

设 $0<\Delta_1<\Delta_2<\Delta_3$，目标值为 m，当 $|y-m|\leqslant\Delta_1$ 时，产品为一级品；当 $\Delta_2\geqslant|y-m|>\Delta_1$ 时，产品为二级品，此时给企业造成损失为 A_1元；当 $\Delta_3\geqslant|y-m|>\Delta_2$ 时，产品等级为三级品，此时又给企业带来损失 A_2元；当 $|y-m|>\Delta_3$ 时，产品丧失功能，此时的损失为 A_3元。如图 4.9 所示。

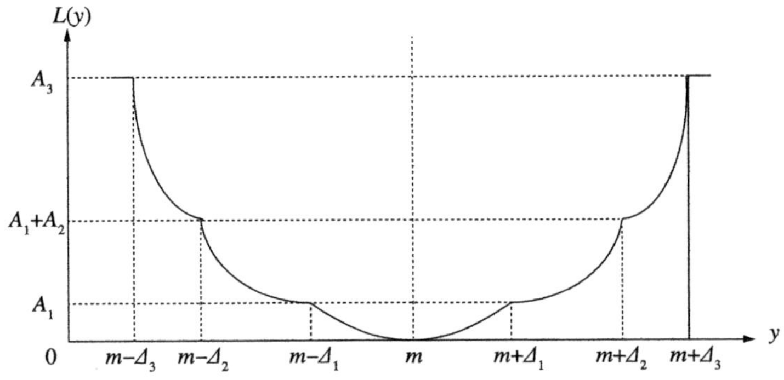

图 4.9　望目特性分等级情形

不失一般性，设质量损失函数具有形式：

$$L_i(y) = L_{0i} + K_i(y-m)^2,\ i=1,\ 2,\ 3,\ 4 \tag{4.43}$$

1) 当 $|y-m| \leqslant \Delta_1$ 时，由题意：

$$\begin{cases} 0 = L_{01} + K_1(m-m)^2 \\ A_1 = L_{01} + K_1\Delta_1{}^2 \end{cases}$$

解之得：

$$\begin{cases} L_{01} = 0 \\ K_1 = A_1/\Delta_1{}^2 \end{cases} \tag{4.44}$$

2) 当 $\Delta_2 \geqslant |y-m| > \Delta_1$ 时，由题意：

$$\begin{cases} A_1 = L_{02} + K_2\Delta_1{}^2 \\ A_1 + A_2 = L_{02} + K_2\Delta_2^2 \end{cases}$$

解之得：

$$\begin{cases} L_{02} = A_1 - \dfrac{A_2}{\Delta_2^2 - \Delta_1^2} \cdot \Delta_1^2 \\ K_2 = \dfrac{A_2}{\Delta_2^2 - \Delta_1^2} \end{cases} \tag{4.45}$$

3）当 $\Delta_3 \geqslant |y-m| > \Delta_2$ 时，由题意：

$$\begin{cases} A_1 + A_2 = L_{03} + K_3\Delta_2^2 \\ A_3 = L_{03} + K_3\Delta_3^2 \end{cases}$$

解之得：

$$\begin{cases} L_{03} = (A_1 + A_2) - \dfrac{A_3 - A_1 - A_2}{\Delta_3^2 - \Delta_2^2} \cdot \Delta_2^2 \\ K_3 = \dfrac{A_3 - A_1 - A_2}{\Delta_3^2 - \Delta_2^2} \end{cases} \tag{4.46}$$

4）当 $|y-m| > \Delta_3$ 时，由题意：

$$L_4(y) = A_3 \tag{4.47}$$

综合式(4.44)～式(4.47)得产品分等级时望目特性的质量损失函数：

$$L(y) = \begin{cases} \dfrac{A_1}{\Delta_1^2} \cdot (y-m)^2 & (|y-m| \leqslant \Delta_1) \\ A_1 + \dfrac{A_2}{\Delta_2^2 - \Delta_1^2} \cdot [(y-m)^2 - \Delta_1{}^2] & (\Delta_1 < |y-m| \leqslant \Delta_2) \\ (A_1 + A_2) + \dfrac{A_3 - A_1 - A_2}{\Delta_3^2 - \Delta_2^2} \cdot [(y-m)^2 - \Delta_2^2] & (\Delta_2 < |y-m| \leqslant \Delta_3) \\ A_3 & (|y-m| > \Delta_3) \end{cases} \tag{4.48}$$

4.4.2 望小特性的情形

所谓望小特性，指特性值及其波动越小越好的非负质量特性，零件摩擦表面的磨损量等为以单纯计量值表示的望小特性。望小特性分等级的一般模型如下：

设 $0<\Delta_1<\Delta_2<\Delta_3$。当产品特性值 $y\leqslant\Delta_1$ 时，产品为一级品；当 $\Delta_1<y\leqslant\Delta_2$ 时，产品降为二级品，此时给企业造成损失为 A_1元；当 $\Delta_2<y\leqslant\Delta_3$ 时，产品降为三级品，此时又给企业造成损失为 A_2元；当 $y>\Delta_3$ 时，产品丧失功能，此时的损失为 A_3元。如图 4. 10 所示。

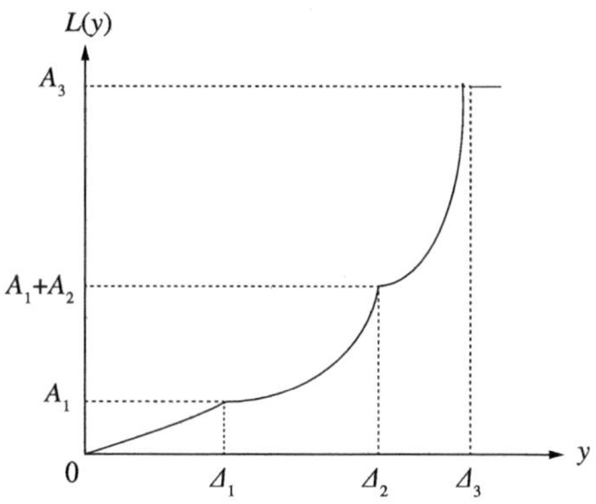

图 4. 10 望小特性分等级情形

注意到望小特性为望目特性目标值为零时的特例。故令式(4. 48)中 $m=0$，即得产品分等级情形下望小特性损失函数：

$$L(y)=\begin{cases}\dfrac{A_1}{\Delta_1^2}\cdot y^2 & (0<y\leqslant\Delta_1)\\[2ex] A_1+\dfrac{A_2}{\Delta_2^2-\Delta_1^2}\cdot[y^2-\Delta_1{}^2] & (\Delta_1<y\leqslant\Delta_2)\\[2ex] (A_1+A_2)+\dfrac{A_3-A_1-A_2}{\Delta_3^2-\Delta_2^2}\cdot[y^2-\Delta_2^2] & (\Delta_2<y\leqslant\Delta_3)\\[2ex] A_3 & (y>\Delta_3)\end{cases} \tag{4. 49}$$

4.4.3 望大特性的情形

所谓望大特性，指特性值越大越好，且以无穷大为目标，波动越小越好的非负质量特性，不少机械零件的抗压强度常为望大特性，望大特性产品分等级时的模型如下：

设 $\Delta_1 > \Delta_2 > \Delta_3 > 0$。当特性值 $y \geqslant \Delta_1$ 时，产品为一级品；当 $\Delta_2 \leqslant y < \Delta_1$ 时，产品为二级品，此时给企业造成损失 A_1元；当 $\Delta_3 \leqslant y < \Delta_2$ 时，产品降为三级品，此时又给企业增加损失 A_2元；当 $y < \Delta_3$ 时，产品丧失功能，损失为 A_3元，如图 4.11 所示。

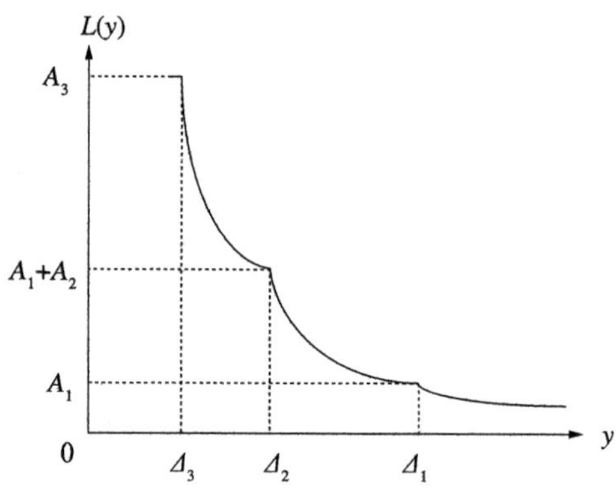

图 4.11　望大特性分等级情形

现在来建立其损失函数，设其一般形式为：

$$L_i(y) = L_{0i} + K_i \cdot \frac{1}{y^2} \quad i = 1,\ 2,\ 3,\ 4 \tag{4.50}$$

当 $y \geqslant \Delta_1$ 时，由题意：

$$\begin{cases} 0 = L_{01} + K_1 \cdot \lim\limits_{y\to\infty}\dfrac{1}{y^2} \\ A_1 = L_{01} + K_1 \cdot \dfrac{1}{\Delta_1{}^2} \end{cases}$$

解之得:

$$\begin{cases} L_{01} = 0 \\ K_1 = A_1 \cdot \Delta_1^2 \end{cases} \tag{4.51}$$

当 $\Delta_2 \leqslant y < \Delta_1$ 时，由题意:

$$\begin{cases} A_1 = L_{02} + K_2 \cdot \dfrac{1}{\Delta_1^2} \\ A_1 + A_2 = L_{02} + K_2 \cdot \dfrac{1}{\Delta_2^2} \end{cases}$$

解之得:

$$\begin{cases} L_{02} = A_1 - \dfrac{A_2}{\Delta_1^2 - \Delta_2^2} \cdot \Delta_2^2 \\ K_2 = \dfrac{A_2}{\Delta_1^2 - \Delta_3^2} \cdot \Delta_1^2\Delta_2^2 \end{cases} \tag{4.52}$$

当 $\Delta_3 \leqslant y < \Delta_2$ 时，由题意:

$$\begin{cases} A_1 + A_2 = L_{03} + K_3 \cdot \dfrac{1}{\Delta_2^2} \\ A_3 = L_{03} + K_3 \cdot \dfrac{1}{\Delta_3^2} \end{cases}$$

解之得:

$$\begin{cases} L_{03} = (A_1 + A_2) - \dfrac{A_3 - A_1 - A_2}{\Delta_2^2 - \Delta_3^2} \cdot \Delta_3^2 \\ K_3 = \dfrac{A_3 - A_1 - A_2}{\Delta_2^2 - \Delta_3^2} \cdot \Delta_2^2 \Delta_3^2 \end{cases} \tag{4.53}$$

当 $y < \Delta_3$ 时，由题意知：

$$L_4(y) = A_3 \tag{4.54}$$

故得：

$$L(y) = \begin{cases} A_1 \Delta_1^2 \cdot \dfrac{1}{y^2} & (y \geqslant \Delta_1) \\ A_1 + \dfrac{A_2}{\Delta_1^2 - \Delta_2^2} \cdot \Delta_2^2 \cdot \left(\dfrac{\Delta_1^2}{y^2} - 1 \right) & (\Delta_2 \leqslant y < \Delta_1) \\ (A_1 + A_2) + \dfrac{A_3 - A_1 - A_2}{\Delta_2^2 - \Delta_3^2} \cdot \Delta_3^2 \cdot \left(\dfrac{\Delta_2^2}{y^2} - 1 \right) & (\Delta_3 \leqslant y < \Delta_2) \\ A_3 & (y < \Delta_3) \end{cases} \tag{4.55}$$

4.4.4 百分比质量特性的情形

(1) 百分比质量特性的分等级损失函数设计

设产品的目标特性为 α，以百分比表示。如化工产品中某种成分的含量即是以百分比表示的。不失一般性，假设产品的目标特性值 α 与 100% 越接近越好，则 $1-\alpha$ 为望小特性。可以通过望小特性的质量损失函数来建立百分比质量特性的损失函数。

设 $1 > p_1 > p_2 > p_3 > 0$。当 $\alpha \geqslant p_1$ 时，产品为一级品；当 $p_1 > \alpha \geqslant p_2$

时，产品为二级品，这时给企业造成的损失为 A_1 元；当 $p_2 > \alpha \geqslant p_3$ 时，产品为三级品，此时又给企业增加损失 A_2 元；当 $\alpha < p_3$ 时，产品丧失功能，损失为 A_3 元。

将上述问题转化成望小特性的数学模型即为：

当 $0 < 1-\alpha \leqslant 1-p_1$ 时，产品为一级品；当 $1-p_1 < 1-\alpha \leqslant 1-p_2$ 时，产品为二级品，此时给企业造成损失为 A_1 元；当 $1-p_2 < 1-\alpha \leqslant 1-p_3$ 时，产品为三级品，此时又给企业增加损失 A_2 元；当 $1-\alpha > 1-p_3$ 时，产品丧失功能，产品损失为 A_3 元，如图 4. 12 所示。

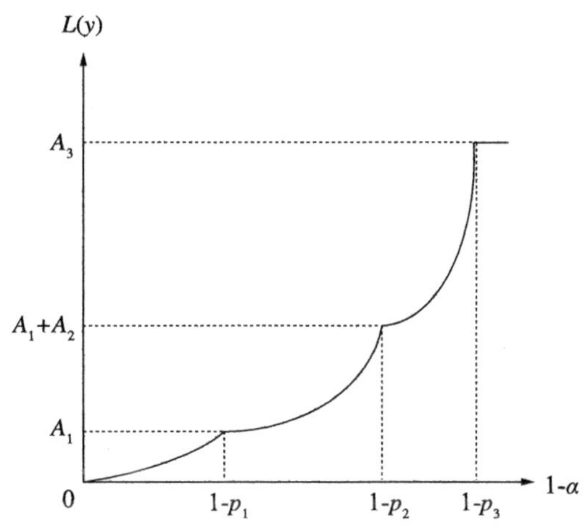

图 4. 12　百分比质量特性的损失函数

对比单纯计量值情况下产品分等级时的望小特性，不难发现，只要用 $1-\alpha$ 取代式(4. 49)中的 y，用 $1-p_1$、$1-p_2$、$1-p_3$ 分别取代式(4. 49)中的 Δ_1、Δ_2、Δ_3，则可直接写出百分比情形的质量损失函数：

$$L(\alpha)=\begin{cases}\dfrac{A_1}{(1-p_1)^2}\cdot(1-\alpha)^2 & (0<1-\alpha\leqslant 1-p_1)\\ A_1+\dfrac{A_2}{(1-p_2)^2-(1-p_1)^2}\cdot \\ \quad[(1-\alpha)^2-(1-p_1)^2] & (1-p_1<1-\alpha\leqslant 1-p_2)\\ (A_1+A_2)+\dfrac{A_3-A_1-A_2}{(1-p_3)^2-(1-p_2)^2}\cdot \\ \quad[(1-\alpha)^2-(1-p_2)^2] & (1-p_2<1-\alpha\leqslant 1-p_3)\\ A_3 & (1-\alpha>1-p_3)\end{cases} \tag{4.56}$$

化简得:

$$L(\alpha)=\begin{cases}\dfrac{A_1}{(1-p_1)^2}\cdot(1-\alpha)^2 & (p_1\leqslant\alpha<1)\\ A_1+A_2\cdot\dfrac{[2-(p_1+\alpha)](p_1-\alpha)}{[2-(p_1+p_2)](p_1-p_2)} & (p_2\leqslant\alpha<p_1)\\ (A_1+A_2)+(A_3-A_1-A_2)\cdot \\ \quad\dfrac{[2-(p_2+\alpha)](p_2-\alpha)}{[2-(p_2+p_3)](p_2-p_3)} & (p_3\leqslant\alpha<p_2)\\ A_3 & (\alpha<p_3)\end{cases} \tag{4.57}$$

另外，对于以达到某个百分比 p_0 为最好的产品，比如尿素 $CO(NH_2)_2$的含氮量最高只能是(28/60)=46.7%，可参照单纯计量值情况下望小特性的情况，用 $p_0-\alpha$ 来建立质量损失函数。这里不做详细介绍。

（2）实际问题

RLG 是某玻璃纤维产品，其关键特性指标为某种化学成分的含量 α，当 $\alpha \leqslant 0.40$ 时，产品不合格，α 越接近 100% 越好。通过以往类似产品的实践经验，原材料 A 是影响关键质量特性 α 的显著因素，且这种材料有三种等级可以选择：低档材料 Ab、中档材料 Am 和高档材料 Ag，采用不同等级的材料对于产品的安全性没有影响。生产不同等级的 RLG 产品需要采用不同档次的原材料 A，从而企业成本投入也有差异，相对低档材料 Ab 而言，如果企业采用中档材料 Am，每吨 RLG 产品需要追加投资 800 元，如果采用高档材料 Ag，则需再增加投资 1500 元。运用分等级质量损失函数模型对原料 A 的选择问题进行研究。

结合生产实践，依据关键特性指标 α 的大小，通常可以将 RLG 产品为三个等级，当 $\alpha \geqslant 0.75$ 时，产品为一级品；当 $0.50 \leqslant \alpha < 0.75$ 时，产品为二级品，这时给企业造成损失为 4500 元/吨；当 $0.40 \leqslant \alpha < 0.50$ 时，产品再降一级，这时又给企业增加损失 600 元/吨；当 $\alpha < 0.4$ 时，产品丧失功能，损失为 9000 元/吨。

在本例中，$p_1 = 0.75$、$p_2 = 0.50$、$p_3 = 0.40$、$A_1 = 4500$、$A_2 = 600$、$A_3 = 9000$。将其代入式（4.57）可求得质量损失函数为：

$$L(\alpha) = \begin{cases} 72000\,(1-\alpha)^2 & (\alpha \geqslant 0.75) \\ 4500 + 3200(1.25-\alpha)(0.75-\alpha) & (0.50 \leqslant \alpha < 0.75) \\ 5100 + \dfrac{390000}{11}(1.50-\alpha)(0.50-\alpha) & (0.40 \leqslant \alpha < 0.50) \\ 9000 & (\alpha < 0.40) \end{cases}$$

下面应用上述质量损失函数进行容差设计。

1)当材料 A 取低档材料 Ab 时，进行 4 次独立试验，测量关键质量特性 α 的指标值分别为：0.63、0.61、0.64、0.64。显然，RLG 产品均为二级品。

于是由 $L(\alpha)=4500+3200(1.25-\alpha)(0.75-\alpha)$ 得此时的平均质量损失为：

$$\overline{L}(\alpha_{A_3})=4500+3200\times\frac{1}{4}\sum_{i=1}^{4}(1.25-\alpha_i)(0.75-\alpha_i)$$

$$=4500+238.56$$

$$=4738.56(\text{元})$$

其中，4500 元为相对一级品而言产品降级使用所造成的损失，238.56 元为产品质量波动损失。

2)当材料 A 取中档材料 Am 时，进行 4 次独立试验，测量关键质量特性 α 的指标值分别为 0.81、0.81、0.82、0.77。此时，RLG 产品为一级品。

于是，由质量损失函数 $L(\alpha)=72000(1-\alpha)^2$ 得此时的平均质量损失为：

$$\overline{L}(\alpha_{A_2})=72000\times\frac{1}{4}\sum_{i-1}^{4}(1-\alpha_i)^2=2835(\text{元})$$

而每吨产品因材料 A 质量提高，企业需追加投资费用为：$\Delta Z_1=800$ 元。

故企业的净收益为：

$$\Delta L_1 = \bar{L}(\alpha_{A_3}) - \bar{L}(\alpha_{A_2}) - \Delta Z_1$$
$$= 4738.56 - 2835 - 800$$
$$= 1103.56(\text{元})$$

3) 当材料 A 取高档材料 Ag 时，进行 4 次独立试验，测量关键质量特性 α 的指标值分别为 0.80、0.81、0.79、0.82。此时，RLG 产品也均为一级品。

于是，由损失函数 $L(\alpha) = 72000\ (1-\alpha)^2$ 得此时的平均质量损失为：

$$\bar{L}(\alpha_{A_1}) = 72000 \times \frac{1}{4}\sum_{i=1}^{4}(1-\alpha_i)^2 = 2739.6(\text{元})$$

而每吨产品因材料 A 从中档材料升级为高档材料需追加投资为：$\Delta Z_2 = 1500$(元)。

故净收益为：

$$\Delta L_2 = \bar{L}(\alpha_{A_2}) - \bar{L}(\alpha_{A_1}) - \Delta Z_2 = -3432.6(\text{元})$$

得不偿失，故容差设计结果表明：企业宜采用二级品的 A 材料。

4.5 本章小结

本章在分析研究田口质量损失函数理论的基础上，指出在望小特性和望大特性情况下，质量损失函数只用二次项来表示是不妥当的。并提出在不忽略一次项的情况下望小特性和望大特性的质量损失函数。此时，质量损失函数将会有一次项系数和二次项系数，可以依靠规格界限和功能界限确定两个系数的大小。本章在设计出望小特性和望大特性不忽略一次项的质量损失函数的基础上，讨论了各种不同情况下一次项损失和二次项损失的大小。其次，本章还分别从单个质量特性和多个质量特性两种情形研究了动态特性质量损失函数，并探讨了这种方法在参数设计中的应用。最后，对产品分等级的情形，本章分别从单纯计量值和百分比两种情况设计了望目特性、望小特性和望大特性的产品分等级质量损失函数，并通过实例对产品分等级的参数设计方法进行了介绍。

5

反馈控制系统损失函数的改进

本章在详细分析田口线内质量特性反馈控制系统的基础上，指出该反馈控制系统质量损失函数存在的问题，并提出改进的反馈控制系统损失函数，通过实际案例对优化后的反馈控制系统进行了效果验证。

田口先生在其早期提出的三次设计(系统设计、参数设计和容差设计)、质量损失函数和信噪比(S/N)等理论的基础上，综合考虑管理费用(包括：测量费用和调整费用)和质量损失(包括：受控品损失和失控品损失)两方面因素，依据“综合费用最小化”原则，确定质量特性反馈控制系统中最优管理界限和最优测量间隔，形成了“田口线内质量特性反馈控制系统”。田口线内质量特性反馈控制系统是“田口方法”的重要内容之一，在质量控制方面具有较好的经济性，已在国内外企业界获得广泛应用。田口先生所倡导的线内质量管理是在生产工序进行的日常质量管理活动，主要包括三个方面的内容：

(1)工序的诊断与调整——对工序进行；

(2)预测与修正——对工序进行；

(3)检验与处理——对产品进行。

这三方面的内容既相互独立又相互补充，要建立一个包含工序的诊断与调节、预测与修正、检验与处理三项活动费用在内的损失函数是一项非常复杂的工作，田口先生对这些内容都做了非常深入的研究。

但是，田口线内质量特性反馈控制系统本身还存在一些不严谨的地方，受到来自学术界的质疑。人们试图在坚持田口先生提出的“波动造成质量损失，波动越小质量损失越小”质量哲学的基础上，研究如何改进与优化其质量特性反馈控制系统，但主要集中在质量损失函数的改进方面，尚没有学者注意到其线内质量特性反馈控制系统中关于质量特性的分布假设及失控品率的估计方面存在的一些问题。本章拟在对反馈控制系统损失函数研究的基础上，分析出反馈控制系统损失函数存在的问题，并提出改进后的反馈控制系统损失函数，优化线内质量特性反馈控制系统，以此重新确定最优管理界限和最优测量间隔，并针对具体实际案例对优化后的反馈控制系统进行效果验证。

5.1 生产工序的故障类型和质量问题

为了弄清所研究的工序类型，首先介绍一下生产工序常出现的故障类型与质量管理问题。

5.1.1 生产工序的故障类型

针对生产工序，存在三种情况：

(1)机械或装置出现故障后不再工作，这种故障称为“阳故障”。

(2)机械或装置出现故障后仍能继续工作，但生产出的是不合格品，这种故障称为“阴故障”。

(3)即使机械发生故障，但有时由于安全装置的作用，也不会造成直接故障。若安全装置也出现故障，则产生直接故障，这种故障称为“潜在阳故障”。

5.1.2 生产工序的质量问题

在生产现场，常出现的质量问题分为三种类型：

(1)连续型，即当工序生产不合格品后，若不进行调整，该工序将永远生产不合格品，对此，可采用工序诊断和调整的方法。

(2)瞬间型，即工序随机地出现不合格品。对此，只能根据产品的临界不合格品率来做检查。

(3)断续型，即不合格品产生后，并未对工序进行调整而能自动地恢复正常，不再出现不合格品。对于这种问题，视其不合格品维持时间长短，把它作连续型或瞬间型加以处理。

本章研究的工序属于阴故障连续型质量问题的情况，它是生产现场最普遍的问题，也是线内质量管理活动中最复杂和最有意义的问题。

5.2 反馈控制系统损失函数介绍

反馈控制系统是基于反馈原理建立的自动控制系统。所谓反馈原理，就是根据系统输出变化的信息来进行控制，即通过比较系统行为(输出)与期望行为之间的偏差，并消除偏差以获得预期的系统性能。反馈控制系统就其管理方法而言分为产品质量特性反馈控制系统和工序条件反馈控制系统。

5.2.1 产品质量特性反馈控制系统损失函数

当产品质量特性值可以精确测定，且产品在规格限内特性值波动影响产品质量时，则应采用产品质量特性反馈控制的管理办法。产品质量特性反馈控制就是在产品加工之后及在后面的工序中，调查该工序加工的产品质量特性，当其超出规格界限时，就调整工序，使随后加工的产品质量特性符合规格界限。这种通过对工序加工后产品质量特性是否超出规格界限而对工序进行控制的方式称为产品质量特性反馈控制系统，是将整个反馈控制系统用质量工程学的观点来分析其经济性，并通过建立反馈控制系统损失函数进行最优设计。

在加工制造过程中，设产品的质量特性为 y，目标值为 m，规格界限为 $m \pm \Delta$。每隔一定的间隔 n，对加工后的产品测量一次质量特性值 y，若 y 位于管理界限 $m \pm D$ 之内，则维持原状生产；相反，则停止生产、调整工序，使 y 回到目标值 m，这种控制方式就是产品质量特性反馈控制系统，如图 5.1 所示。

定义如下参数：

A：不合格品损失；

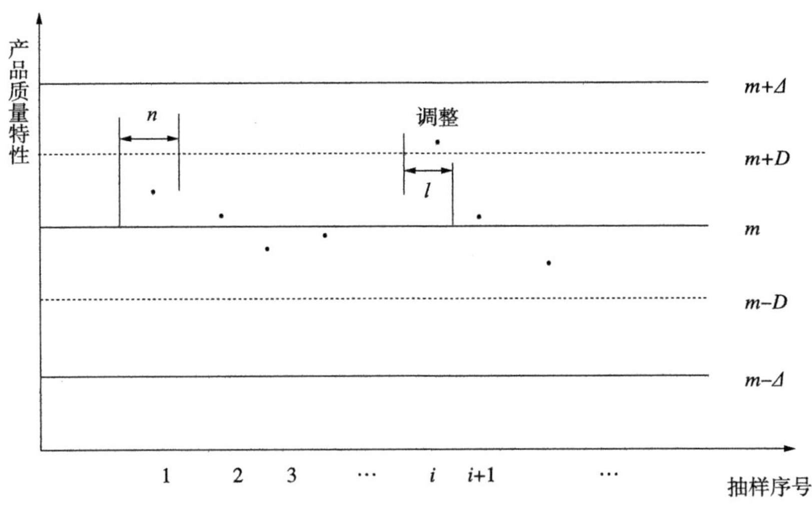

图5.1　产品质量特性反馈控制系统

B：测量费用，包括一件产品的测量费用和检验人员的工时费用；

C：调整费用，指工序异常时，即产品质量特性 y 超出管理界限 $m \pm D$ 时，使其恢复正常状态进行工序调整的总费用；

n_0：现行测量间隔；

u_0：现行平均调整间隔；

D_0：现行管理界限；

l：时滞，当工序经诊断为异常时，从抽样检验、诊断确定到停机调整这段时间内工序生产不良品的件数(同一道工序，检验、诊断时间越长，时滞 l 越大)；

n：最佳控制系统的测量间隔；

u：平均调整间隔的预测值(最佳调整间隔)；

D：最佳管理界限；

σ_m^2：测量误差方差。

当产品质量特性值超过规格限 $m \pm \Delta$ 时，产品为不合格品，其损失为 A，于是，由损失函数 $L(y)=k(y-m)^2$ 得：

$$k=\frac{A}{\Delta^2} \tag{5.1}$$

由于测量费用为 B，测量间隔为 n，调整费用为 C，调整间隔为 u，故单位产品测量费用为$\frac{B}{n}$，单位产品调整费用为$\frac{C}{u}$，两者的和$\frac{B}{n}+\frac{C}{u}$为单位产品管理成本。

假定产品质量特性值在管理界限 $m \pm D$ 内呈均匀分布，则其方差为$\frac{D^2}{3}$，于是得单位产品在管理界限内波动的平均损失为$\frac{A}{\Delta^2}\cdot\frac{D^2}{3}$。

当产品质量特性值超出管理界限时，产品为失控品，失控品率为$\left(\frac{n+1}{2}+l\right)\frac{1}{u}$，产品质量特性值超出管理界限时的损失为$\frac{A}{\Delta^2}D^2$，故单位失控品的平均损失为$\frac{A}{\Delta^2}\left(\frac{n+1}{2}+l\right)\cdot\frac{D^2}{u}$。

假设测量误差与容差相等时，该产品为不合格品，相应的损失为 A，则测量误差损失为$\frac{A}{\Delta^2}\sigma_m^2$。

综上，得出产品质量特性反馈控制系统损失函数为：

$$L(n,\ D)=\frac{B}{n}+\frac{C}{u}+\frac{A}{\Delta^2}\left[\frac{D^2}{3}+\left(\frac{n+1}{2}+l\right)\frac{D^2}{u}+\sigma_m^2\right] \tag{5.2}$$

当 n，u，D 改用现行的 n_0，u_0，D_0 后，由式(5.2)可得现行产品质量特性反馈控制系统损失函数为：

$$L(n,\ D)=\frac{B}{n_0}+\frac{C}{u_0}+\frac{A}{\Delta^2}\left[\frac{D_0^2}{3}+\left(\frac{n_0+1}{2}+l\right)\frac{D_0^2}{u_0}+\sigma_m^2\right]\tag{5.3}$$

考虑到产品质量特性值的变化是各种独立波动的原因重叠造成的，服从随机分布或布朗运动，其正侧影响与负侧影响相同。于是，可假设调整间隔 u 与管理界限的平方 D^2 成正比，即：

$$\lambda=\frac{D_0^2}{u_0}=\frac{D^2}{u}\tag{5.4}$$

于是，可将式(5.2)转化为：

$$L(n,\ D)=\frac{B}{n}+\frac{CD_0^2}{u_0D^2}+\frac{A}{\Delta^2}\left[\frac{D^2}{3}+\left(\frac{n+1}{2}+l\right)\frac{D_0^2}{u_0}+\sigma_m^2\right]\tag{5.5}$$

损失函数(5.5)有两个未知参数最佳测量间隔 n 和最佳管理界限 D。以 $L(n,\ D)=\min$ 为原则，采用最小二乘法，分别对两个未知参数求偏导数，得到方程组：

$$\begin{cases}\dfrac{\partial\ L(n,\ D)}{\partial\ D}=0\\[2ex]\dfrac{\partial\ L(n,\ D)}{\partial\ n}=0\end{cases}\tag{5.6}$$

解方程组(5.6)可得如下解：

$$n=\sqrt{\frac{2Bu_0}{A}}\times\frac{\Delta}{D_0}\tag{5.7}$$

$$D=\left(\frac{3CD_0^2\Delta^2}{Au_0}\right)^{\frac{1}{4}}\tag{5.8}$$

此即为产品质量特性反馈控制系统的最佳测量间隔和最佳管理界限，利用式(5.4)还可以对产品质量特性反馈控制系统的平均调整间隔进行预测，即有：

$$u = \frac{D^2}{D_0^2}u_0 \tag{5.9}$$

5.2.2 工序条件反馈控制系统损失函数

工序条件反馈控制与产品质量特性反馈控制的基本原理是一样的，但是被控制对象不是产品质量特性，而是加工工序的条件，更加体现质量管理预防为主的思想。在生产现场，有时直接测量产品的质量特性不是非常方便。还有些场合，产品有多个质量特性，其中任一个不合格都将导致产品不合格，这时不需要对所有产品质量特性进行管理和控制，只需对加工工序进行控制和管理。

在生产过程中，设影响产品质量特性的关键工序条件为 y，通过控制 y 可以有效地控制产品质量特性，设 y 的目标值为 m，容差为 Δ 采用的控制方式为：每隔一定的间隔 n，对工序条件 y 进行一次测量，若 y 位于管理界限 $m \pm D$ 内，则维持原状生产；若 y 超出上述管理界限，则停止生产、调整工序条件，使 y 返回目标值 m，这就是工序条件反馈控制系统，如图 5.2 所示。

定义如下参数：

A：工序条件超出允许界限的损失；

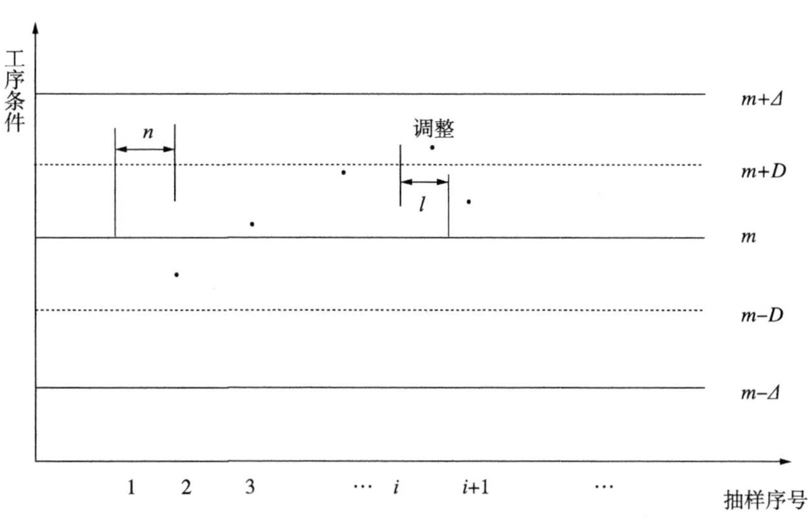

图 5.2 工序条件反馈控制系统

B：测量费用，包括工序或过程的测量费用和检验人员的工时费用；

C：调整费用，指工序异常时，即工序条件 y 超出管理界限 $m \pm D$ 时，使其恢复正常状态进行工序调整的总费用；

n_0：现行测量间隔；

u_0：现行平均调整间隔；

D_0：现行管理界限；

l：时滞，当工序经诊断为异常时，从抽样检验、诊断确定到停机调整这段时间内工序生产不良品的件数（同一道工序，检验、诊断时间越长，时滞 l 越大）；

n：最佳控制系统的测量间隔；

u：平均调整间隔的预测值（最佳调整间隔）；

D：最佳管理界限；

σ_m^2：测量误差方差。

当工序条件值超过规格限 $m \pm \Delta$ 时，产品为不合格品，其损失为 A，于是，由损失函数 $L(y) = k(y-m)^2$ 得：

$$k = \frac{A}{\Delta^2} \tag{5.10}$$

由于测量费用为 B，测量间隔为 n，调整费用为 C，调整间隔为 u，故单位产品测量费用为$\frac{B}{n}$，单位产品调整费用为$\frac{C}{u}$，两者的和$\frac{B}{n}+\frac{C}{u}$为单位产品管理成本。

假定工序条件值在管理界限 $m \pm D$ 内呈均匀分布，则其方差为$\frac{D^2}{3}$，于是得单位产品在管理界限内波动的平均损失为$\frac{A}{\Delta^2} \cdot \frac{D^2}{3}$。

当工序条件值超出管理界限时，产品为失控品，失控品率为$\left(\frac{n+1}{2}+l\right)\frac{1}{u}$，工序条件值超出管理界限时的损失为$\frac{A}{\Delta^2}D^2$，故单位失控品的平均损失为$\frac{A}{\Delta^2}\left(\frac{n+1}{2}+l\right) \cdot \frac{D^2}{u}$。

假设测量误差与容差相等时，该产品为不合格品，相应的损失为 A，则测量误差损失为$\frac{A}{\Delta^2}\sigma_m^2$。

综上，得出工序条件反馈控制系统损失函数为：

$$L(n, D) = \frac{B}{n} + \frac{C}{u} + \frac{A}{\Delta^2}\left[\frac{D^2}{3} + \left(\frac{n+1}{2}+l\right)\frac{D^2}{u} + \sigma_m^2\right] \tag{5.11}$$

当 n，u，D 改用现行的 n_0，u_0，D_0 后，由式(5.11)可得现行工序条件反馈控制系统损失函数为：

$$L(n,\ D)=\frac{B}{n_0}+\frac{C}{u_0}+\frac{A}{\Delta^2}\left[\frac{D_0^2}{3}+\left(\frac{n_0+1}{2}+l\right)\frac{D_0^2}{u_0}+\sigma_m^2\right] \tag{5.12}$$

考虑到工序条件值的变化是各种独立波动的原因重叠造成的，服从随机分布或布朗运动，其正侧影响与负侧影响相同。于是，可假设调整间隔 u 与管理界限的平方 D^2 成正比，即：

$$\lambda=\frac{D_0^2}{u_0}=\frac{D^2}{u} \tag{5.13}$$

于是，可将式(5.11)转化为：

$$L(n,\ D)=\frac{B}{n}+\frac{CD_0^2}{u_0D^2}+\frac{A}{\Delta^2}\left[\frac{D^2}{3}+\left(\frac{n+1}{2}+l\right)\frac{D_0^2}{u_0}+\sigma_m^2\right] \tag{5.14}$$

损失函数(5.14)有两个未知参数最佳测量间隔 n 和最佳管理界限 D。以 $L(n,\ D)=\min$ 为原则，采用最小二乘法，分别对两个未知参数求偏导数，得到方程组：

$$\begin{cases}\dfrac{\partial L(n,\ D)}{\partial D}=0\\[2ex]\dfrac{\partial L(n,\ D)}{\partial n}=0\end{cases} \tag{5.15}$$

解方程组(5.15)可得如下解：

$$n=\sqrt{\frac{2Bu_0}{A}}\times\frac{\Delta}{D_0} \tag{5.16}$$

$$D=\left(\frac{3CD_0^2\Delta^2}{Au_0}\right)^{\frac{1}{4}} \tag{5.17}$$

此即为工序条件反馈控制系统的最佳测量间隔和最佳管理界限，利用式(5.13)还可以对工序条件反馈控制系统的平均调整间隔进行预测，即有：

$$u = \frac{D^2}{D_0^2} u_0 \tag{5.18}$$

5.3 反馈控制系统损失函数的改进

在本章第2节中介绍了产品质量特性反馈控制系统损失函数和工序条件反馈控制系统损失函数及其最优设计结果：最佳测量间隔、最佳管理界限和平均调整间隔的预测值。由于两种损失函数的基本原理和内容基本一致，本节只研究产品质量特性反馈控制系统损失函数的改进。

5.3.1 反馈控制系统损失函数存在的问题

反馈控制系统损失函数在线内质量管理中起到了重要的作用，但仔细研究就会发现损失函数本身还存在一些不完善之处(Zhang等，2017)：

(1)当产品质量特性值超过管理线 $m+D$ 或 $m-D$ 时，在现有田口线内质量反馈控制系统中，将质量特性值全部用刚好处在管理线

$m+D$或 $m-D$ 上进行处理。事实上，有些产品质量特性值超出管理线比较多，有些则比较少，这样统计出的质量损失要比实际小一些。

(2)在正常情况下，产品质量特性值超出管理线和没有超出管理线的概率之和应该等于1。但在现有的田口线内质量反馈控制系统中二者的控制之和实际上大于100%，这就使得受控品质量特性值波动造成的损失比实际情况要大些。

(3)在具体的质量控制系统中，一旦发现产品质量特性超管理线后就需要对工序或过程进行调整，此时，实际的生产过程已经停止了。但现有的田口反馈控制系统并没有考虑由于停工所造成的质量损失。

5.3.2 反馈控制系统损失函数的改进

根据我国的实际情况，经常假定产品的容差 $\Delta=3\sigma$，此时，有0.27%的产品质量特性值超出规格界限外，成为工序加工的不合格品，这种假设比较有代表性。依据产品质量特性值服从正态分布的假设，得：

$$f(y)=\frac{1}{\frac{\Delta}{3}\sqrt{2\pi}}\exp\left[-\frac{(y-m)^2}{2\left(\frac{\Delta}{3}\right)^2}\right] \tag{5.19}$$

即 $y\sim N\left[m,\left(\frac{\Delta}{3}\right)^2\right]$，如图5.3所示。

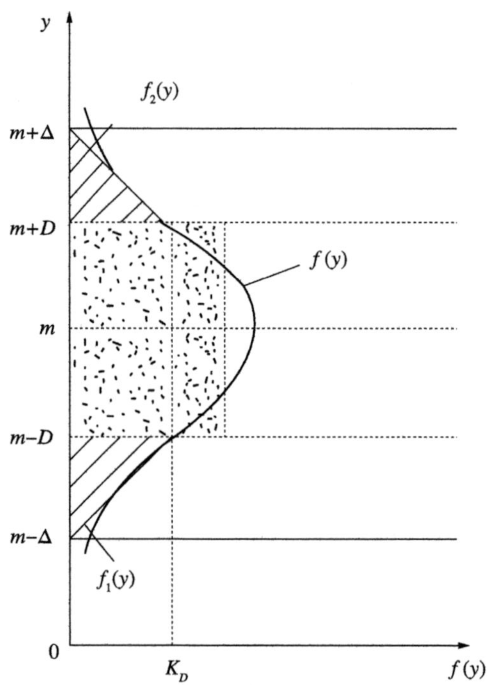

图 5.3　产品质量特性值正态分布近似图

首先，确定实际测量值落在区间[$m-\Delta$，$m-D$]及[$m+D$，$m+\Delta$]内的期望损失。上下管理界限上的概率密度相等，令其为K_D，即

$$K_D=f(m+D)=f(m-D)=\frac{3}{\Delta\sqrt{2\pi}}\exp\left[-\frac{9D^2}{2\Delta^2}\right] \tag{5.20}$$

假设$f(y)$在这两区间内近似为线性函数，则其线性关系分别为：

$$f_1(y)=\frac{K_D}{\Delta-D}[y-(m-\Delta)],\ y\in[m-\Delta,\ m-D] \tag{5.21}$$

$$f_2(y)=\frac{K_D}{\Delta-D}[(m+\Delta)-y],\qquad y\in[m+D,\ m+\Delta]\tag{5.22}$$

将式(5.21)和式(5.22)转化为密度函数，令：

$$\psi\left\{\int_{m-\Delta}^{m-D}\frac{K_D}{\Delta-D}[y-(m-\Delta)]\mathrm{d}y+\int_{m+D}^{m+\Delta}\frac{K_D}{\Delta-D}[(m+\Delta)-y]\mathrm{d}y\right\}=1\tag{5.23}$$

即有：

$$\psi=\frac{1}{K_D(\Delta-D)}\tag{5.24}$$

由此可得损失函数 $L(y)=\frac{A}{\Delta^2}(y-m)^2$ 在区间$[m-\Delta,\ m-D]$及$[m+D,\ m+\Delta]$上的期望损失为：

$$\begin{aligned}E[L(y)]&=\int_{-\infty}^{+\infty}L(y)f(y)\mathrm{d}y\\&=\int_{m-\Delta}^{m-D}\psi f_1(y)L(y)\mathrm{d}y+\int_{m+D}^{m+\Delta}\psi f_2(y)L(y)\mathrm{d}y\\&=\int_{m-\Delta}^{m-D}\frac{1}{K_D(\Delta-D)}\cdot\frac{K_D}{\Delta-D}[y-(m-\Delta)]\cdot\frac{A}{\Delta^2}(y-m)^2\mathrm{d}y+\\&\quad\int_{m+D}^{m+\Delta}\frac{1}{K_D(\Delta-D)}\cdot\frac{K_D}{\Delta-D}[(m+\Delta)-y]\cdot\frac{A}{\Delta^2}(y-m)^2\mathrm{d}y\\&=\frac{A}{\Delta^2}\cdot\frac{1}{(\Delta-D)^2}\cdot\frac{2\Delta}{3}(\Delta^3-D^3)-\frac{A}{\Delta^2}\cdot\frac{1}{(\Delta-D)^2}\cdot\frac{1}{2}(\Delta^4-D^4)\\&=\frac{A}{\Delta^2}\cdot\frac{\Delta^2+2\Delta D+3D^2}{6}\end{aligned}\tag{5.25}$$

其次，确定产品质量特性值落在区间$[m-D,\ m+D]$内的期望损失。在原反馈控制系统损失函数中，产品质量特性值在区间

$[m-D,\ m+D]$内是服从均匀分布的，其方差为$\frac{D^2}{3}$。但是，产品质量特性值落在管理界限内的概率即受控品率并不等于1，应该是$1-\left(\frac{n+1}{2}+l\right)\cdot\frac{1}{u}$。

综上所述，可得到改进后的反馈控制系统损失函数为：

$$L^*=\frac{B}{n}+\frac{C+C_1}{u}+\frac{A}{\Delta^2}\cdot\left(\frac{n+1}{2}+l\right)\cdot\frac{1}{u}\cdot\frac{\Delta^2+2\Delta D+3D^2}{6}+$$

$$\frac{A}{\Delta^2}\left\{\left[1-\left(\frac{n+1}{2}+l\right)\cdot\frac{1}{u}\right]\cdot\frac{D^2}{3}+\sigma_m^2\right\}$$

$$=\frac{B}{n}+\frac{C+C_1}{u}+\frac{A}{\Delta^2}\cdot\left[\frac{D^2}{3}+\left(\frac{n+1}{2}+l\right)\cdot\frac{1}{u}\cdot\frac{(\Delta+D)^2}{6}+\sigma_m^2\right]$$

(5.26)

将式(5.26)中的n，u，D用现行的n_0，u_0，D_0替换得现行控制状态的损失函数为：

$$L_0^*=\frac{B}{n_0}+\frac{C+C_1}{u_0}+\frac{A}{\Delta^2}\cdot\left[\frac{D_0^2}{3}+\left(\frac{n_0+1}{2}+l\right)\frac{1}{u_0}\cdot\frac{(\Delta+D_0)^2}{6}+\sigma_m^2\right]$$

(5.27)

其中，C_1表示由于调整引起的停工时间可以产生的利润。这里仍然假定$u=\frac{u_0D^2}{D_0^2}$，将其代入式(5.26)得：

$$L^*=\frac{B}{n}+\frac{(C+C_1)D_0^2}{u_0}\cdot\frac{1}{D^2}+\frac{A}{\Delta^2}\cdot$$

$$\left[\frac{D^2}{3}+\left(\frac{n+1}{2}+l\right)\cdot\frac{D_0^2}{u_0D^2}\cdot\frac{(\Delta+D)^2}{6}+\sigma_m^2\right] \quad (5.28)$$

对式(5.28)分别求 n，D 的偏导数，并令其等于0，得方程组：

$$\begin{cases} -\dfrac{B}{n^2}+\dfrac{1}{2}\cdot\dfrac{A}{\Delta^2}\cdot\dfrac{D_0^2}{6u_0}\cdot\left(\dfrac{\Delta}{D}+1\right)^2=0 \\ -\dfrac{2(C+C_1)D_0^2}{u_0}\cdot\dfrac{1}{D^3}+\dfrac{A}{\Delta^2}\cdot\left[\dfrac{2D}{3}-\left(\dfrac{n+1}{2}+l\right)\cdot\dfrac{D_0^2}{3u_0}\cdot\left(\dfrac{\Delta^2}{D^3}+\dfrac{\Delta}{D^2}\right)\right]=0 \end{cases} \tag{5.29}$$

即：

$$\begin{cases} n=\dfrac{2\Delta}{D_0}\cdot\dfrac{D}{\Delta+D}\cdot\sqrt{\dfrac{3u_0B}{A}} \\ D=\sqrt[4]{\dfrac{3(C+C_1)D_0^2\Delta^2}{Au_0}+\left(\dfrac{n+1}{2}+l\right)\cdot\dfrac{\Delta D_0^2}{2u_0}(\Delta+D)} \end{cases} \tag{5.30}$$

由式(5.30)不易求出最佳测量间隔 n 和最佳管理界限 D，可以通过迭代法解出，即通过如下关系式计算：

$$\begin{cases} n_{i+1}=\dfrac{2\Delta}{D_0}\cdot\sqrt{\dfrac{3u_0B}{A}}\cdot\dfrac{D_i}{\Delta+D_i} \\ D_{i+1}=\sqrt[4]{\dfrac{3(C+C_1)D_0^2\Delta^2}{Au_0}+\left(\dfrac{n_{i+1}+1}{2}+l\right)\cdot\dfrac{\Delta D_0^2}{2u_0}(\Delta+D_i)} \end{cases}$$

$$i=0,\ 1,\ 2,\ \cdots \tag{5.31}$$

一般情况下，用式(5.31)进行迭代是收敛的。求出最佳测量间隔 n 和最佳管理界限 D 后，可以用 $u=\dfrac{u_0D^2}{D_0^2}$对最佳调整间隔 u 进行预测；同时，还可以将其代入式(5.26)求得改进的反馈控制系统最优设计的损失。

5.4 反馈控制系统损失函数改进后的效果分析

本章第3节对反馈控制系统损失函数存在的问题及如何改进进行了研究，本节通过实例分析反馈控制系统损失函数改进的效果。

5.4.1 实际问题

某汽车零部件生产企业，为了加强零部件生产现场的质量管理，对零部件进行测量并根据测量情况决定是否需要进行调整。某工序每分钟加工零部件1件，该零部件质量特性的规格界限为$m \pm \Delta$，$\Delta = 7.5\mu m$。原设计参数为：

（1）每2小时测量一次，即初期测量间隔为$n_0 = 120$件；

（2）平均2天调整一次工序，即初期平均调整间隔$u_0 = 720$件；

（3）零部件尺寸超出规格界限时，不合格品损失$A = 0.5$元；

（4）每件零部件的测量费用为0.4元；

（5）调整费用，每次调整费用为3.0元；平均每次调整需要花费两分钟，损失两个零部件的利润4.0元；

（6）初期管理界限为$D_0 = \frac{2}{3}\Delta = 5\mu m$；

(7)测量误差方差为 $\sigma_m^2=0.03\mu m^2$；

(8)测量时滞为 $l=5$ 件。

这是一种典型的企业生产现场应用反馈控制系统进行线内质量管理的情况。为了说明反馈控制系统损失函数的改进效果，分别用改进前后的反馈控制系统损失函数进行最优设计，然后对二者的效果进行比较分析。

5.4.2 应用改进前损失函数进行优化设计

由式(5.3)得初期反馈控制系统的损失为：

$$L_0=\frac{B}{n_0}+\frac{C}{u_0}+\frac{A}{\Delta^2}\left[\frac{D_0^2}{3}+\left(\frac{n_0+1}{2}+l\right)\frac{D_0^2}{u_0}+\sigma_m^2\right]$$

$$=\frac{0.4}{120}+\frac{3}{720}+\frac{0.5}{7.5^2}\left[\frac{5^2}{3}+\left(\frac{120+1}{2}+5\right)\frac{5^2}{720}+0.03\right]$$

$$=0.102(\text{元})$$

由式(5.7)得最佳测量间隔为：

$$n=\sqrt{\frac{2Bu_0}{A}}\times\frac{\Delta}{D_0}=\sqrt{\frac{2\times0.4\times720}{0.5}}\times\frac{7.5}{5}=50.91(\text{件})$$

由式(5.8)得最佳管理界限为：

$$D=\left(\frac{3CD_0^2\Delta^2}{Au_0}\right)^{\frac{1}{4}}=\left(\frac{3\times3\times5^2\times7.5^2}{0.5\times720}\right)^{\frac{1}{4}}=2.44(\mu m)$$

为实际应用方便和计算简单，取最佳测量间隔 $n=50$ 件，最佳管理界限 $D=2.5\mu m$。于是，由式(5.9)得平均调整间隔预测值为：

$$u=\frac{D^2}{D_0^2}u_0=\frac{2.5^2}{5^2}\times720=180(\text{件})$$

对反馈控制系统进行最优设计后，可将最佳测量间隔 n，最佳管理界限 D 及平均调整间隔预测值代入式(5.2)得反馈控制系统最优设计后的损失：

$$L=\frac{B}{n}+\frac{C}{u}+\frac{A}{\Delta^2}\left[\frac{D^2}{3}+\left(\frac{n+1}{2}+l\right)\frac{D^2}{u}+\sigma_m^2\right]$$

$$=\frac{0.4}{50}+\frac{3}{180}+\frac{0.5}{7.5^2}\left[\frac{2.5^2}{3}+\left(\frac{50+1}{2}+5\right)\times\frac{2.5^2}{180}+0.03\right]$$

$$=0.008+0.0167+0.0282$$

$$=0.0529(\text{元})$$

最优设计后，单位产品可减少损失为：

$$\Delta L=L_0-L=0.102-0.0529=0.0491(\text{元})$$

该企业有 5 个现场同时生产这种零部件，每天按照实际工作 6 小时计算，1 个月按照 25 天计算，最优设计后一年可为企业减少损失或实现净收益：

$$Z=\Delta L\times5\times12\times25\times6\times60=26514(\text{元})$$

5.4.3 应用改进后损失函数进行优化设计

下面再分析损失函数改进后优化设计的情况，由式(5.27)得初期反馈控制系统的损失为：

$$L_0^* = \frac{B}{n_0} + \frac{C + C_1}{u_0} + \frac{A}{\Delta^2} \cdot \left[\frac{D_0^2}{3} + \left(\frac{n_0 + 1}{2} + l\right)\frac{1}{u_0} \cdot \frac{(\Delta + D_0)^2}{6} + \sigma_m^2\right]$$

$$= \frac{0.4}{120} + \frac{3 + 4}{720} + \frac{0.5}{7.5^2}\left[\frac{5^2}{3} + \left(\frac{120 + 1}{2} + 5\right) \times \frac{1}{720} \times \frac{(7.5 + 5)^2}{6} + 0.03\right]$$

$$= 0.0033 + 0.0098 + 0.0954$$

$$= 0.1086(\text{元})$$

由式(5.31)迭代最佳测量间隔和最佳管理界限：

$$n_1 = \frac{2\Delta}{D_0} \cdot \sqrt{\frac{3u_0 B}{A}} \cdot \frac{D_0}{\Delta + D_0} = \frac{2 \times 7.5}{7.5 + 5}\sqrt{\frac{3 \times 720 \times 0.4}{0.5}} = 49.88(\text{件})$$

$$D_1 = \sqrt[4]{\frac{3(C + C_1)D_0^2\Delta^2}{Au_0} + \left(\frac{n_1 + 1}{2} + l\right) \cdot \frac{\Delta D_0^2}{2u_0} \cdot (\Delta + D_0)}$$

$$= \sqrt[4]{\frac{3 \times (3 + 4) \times 5^2 \times 7.5^2}{0.5 \times 720} + \left(\frac{49.88 + 1}{2} + 5\right) \times \frac{7.5 \times 5^2}{2 \times 720} \times (7.5 + 5)}$$

$$= 3.387(\mu\text{m})$$

$$n_2 = \frac{2\Delta}{D_0} \cdot \sqrt{\frac{3u_0 B}{A}} \cdot \frac{D_1}{\Delta + D_1}$$

$$= \frac{2 \times 7.5}{5}\sqrt{\frac{3 \times 720 \times 0.4}{0.5}} \cdot \frac{3.387}{7.5 + 3.387} = 38.797(\text{件})$$

$$D_2 = \sqrt[4]{\frac{3(C + C_1)D_0^2\Delta^2}{Au_0} + \left(\frac{n_2 + 1}{2} + l\right) \cdot \frac{\Delta D_0^2}{2u_0} \cdot (\Delta + D_0)}$$

$$= \sqrt[4]{\frac{3 \times (3 + 4) \times 5^2 \times 7.5^2}{0.5 \times 720} + \left(\frac{38.797 + 1}{2} + 5\right) \times \frac{7.5 \times 5^2}{2 \times 720} \times (7.5 + 5)}$$

$$= 3.327(\mu\text{m})$$

$$n_3 = \frac{2\Delta}{D_0} \cdot \sqrt{\frac{3u_0 B}{A}} \cdot \frac{D_2}{\Delta + D_2}$$

$$=\frac{2\times7.5}{5}\sqrt{\frac{3\times720\times0.4}{0.5}}\cdot\frac{3.327}{7.5+3.327}=38.321(\text{件})$$

$$D_3=\sqrt[4]{\frac{3(C+C_1)D_0^2\Delta^2}{Au_0}+\left(\frac{n_3+1}{2}+l\right)\cdot\frac{\Delta D_0^2}{2u_0}\cdot(\Delta+D_0)}$$

$$=\sqrt[4]{\frac{3\times(3+4)\times5^2\times7.5^2}{0.5\times720}+\left(\frac{38.321+1}{2}+5\right)\times\frac{7.5\times5^2}{2\times720}\times(7.5+5)}$$

$$=3.325(\mu\text{m})$$

迭代到第3步 n，D 基本上收敛了，考虑到实际应用的方便，将最佳测量间隔和最佳管理界限归整为：

最佳测量间隔 $n=40$ 件，最佳管理界限 $D=3.3\mu\text{m}$。于是，由式(5.9)得平均调整间隔预测值为：

$$u=\frac{D^2}{D_0^2}u_0=\frac{3.3^2}{5^2}\times720=313.632(\text{件})$$

取平均调整间隔预测值为 $u=300$ 件。

对反馈控制系统进行最优设计后，可将最佳测量间隔 n，最佳管理界限 D 及平均调整间隔预测值代入式(5.26)得反馈控制系统最优设计后的损失：

$$L^*=\frac{B}{n}+\frac{C+C_1}{u}+\frac{A}{\Delta^2}\cdot\left[\frac{D^2}{3}+\left(\frac{n+1}{2}+l\right)\frac{1}{u}\cdot\frac{(\Delta+D)^2}{6}+\sigma_m^2\right]$$

$$=\frac{0.4}{40}+\frac{3+4}{300}+\frac{0.5}{7.5^2}\left[\frac{3.3^2}{3}+\left(\frac{40+1}{2}+5\right)\times\frac{1}{300}\times\frac{(7.5+3.3)^2}{6}+0.03\right]$$

$$=0.01+0.0233+0.0472$$

$$=0.0805(\text{元})$$

最优设计后，单位产品可减少损失为：

$$\Delta L = L_0 - L = 0.1086 - 0.0805 = 0.028(\text{元})$$

该企业有 5 个现场同时生产这种零部件，每天按照实际工作 6 小时计算，1 个月按照 25 天计算，最优设计后一年可为企业减少损失或实现净收益：

$$Z = \Delta L \times 5 \times 12 \times 25 \times 6 \times 60 = 15120(\text{元})$$

5.4.4 改进前后比较分析

从上述改进前后的损失或净收益可以看出，改进后的损失函数所做的最优设计结果还不如改进前的损失函数。事实上，这与 D 和 Δ 取值的大小有关，下面分析一下。

(1)最佳管理界限的差异

可以通过比较改进前后最佳管理界限的比值进行分析：

$$\omega_1 = \frac{D_{(\text{后})}}{D_{(\text{前})}} = \frac{\sqrt[4]{\dfrac{3(C + C_1)D_0^2\Delta^2}{Au_0} + \left(\dfrac{n+1}{2} + l\right) \cdot \dfrac{\Delta D_0^2}{2u_0}(\Delta + D)}}{\sqrt[4]{\dfrac{3CD_0^2\Delta^2}{Au_0}}}$$

很显然，$\omega_1 > 1$。说明用改进后的损失函数求出的最佳管理界限要比改进前的宽。这是因为改进前的损失函数过小地考虑了产品失控时的损失，使其比重变小，导致原损失函数过分地压缩管理界限。这是使用改进前损失函数求出的最佳条件下质量波动损失偏小，从而导致改进前减小的损失或增加的收益偏大，看起来改进后的损失函数效果不如改进前损失函数的一个重要原因。

(2)改进前后失控品的波动差异

可以通过计算改进前后失控品的波动之差进行分析：

$$\delta_{\sigma^2_{失}} = \sigma^2_{失(后)} - \sigma^2_{失(前)} = \frac{\Delta^2 + 2\Delta D + 3D^2}{6} - D^2$$

①当 $D = \Delta$ 时，$\delta_{\sigma^2_{失}} = 0$；

②当 $D = \frac{2}{3}\Delta$ 时，$\delta_{\sigma^2_{失}} = \frac{1}{6}\Delta^2$；

③当 $D = \frac{1}{3}\Delta$ 时，$\delta_{\sigma^2_{失}} = \frac{2}{9}\Delta^2$；

④当 $D = \frac{1}{6}\Delta$ 时，$\delta_{\sigma^2_{失}} = \frac{15}{72}\Delta^2$。

由此可见，当 Δ 本身值较大，而 D 与 Δ 相差又较大时，认为超出管理界限的产品全部在管理界限上会使失控品的波动考虑得明显偏小。

如图 5.3 所示，当管理界限进一步缩小，失控品的特性值落在管理界限之外的概率还较大，不能认为是等于零，这是使改进前损失函数最优设计后损失偏小的另一个主要原因。

(3)最佳测量间隔的差异

可以对改进前后最佳测量间隔的比值进行分析：

$$\omega_2 = \frac{n_{(后)}}{n_{(前)}} = \frac{\frac{2\Delta}{D_0} \cdot \frac{D}{\Delta + D} \cdot \sqrt{\frac{3u_0B}{A}}}{\sqrt{\frac{2Bu_0}{A}} \times \frac{\Delta}{D_0}} = \frac{\sqrt{6} \cdot D}{\Delta + D}$$

①当 $\omega_2 < 1$，即 $\Delta > (\sqrt{6}-1)D$ 时，改进后的最佳测量间隔比改进前的窄，表明控制要求严些；

②当 $\omega_2 = 1$，即 $\Delta = (\sqrt{6}-1)D$ 时，改进前后的最佳测量间隔一致；

③当 $\omega_2 > 1$，即 $\Delta < (\sqrt{6}-1)D$ 时，改进后的最佳测量间隔比改进前的宽，表明控制要求松些。

由此可见，由于失控品的波动考虑偏小，导致由未改进的损失函数找出的最佳测量间隔也不理想。对于本例有 $\Delta > (\sqrt{6}-1)D$，故 $n_{(后)} < n_{(前)}$，表明由于控制要求严格即管理要加强而导致的单位产品测量费用提高了。

综上所述，应用改进后的损失函数最优设计后减少的损失反而变小了，并不是由于改进后的损失函数不好，而是由于改进前的损失函数不理想以及参数规格界限和管理界限的设计不合理造成的。

5.5 本章小结

本章提出了改进的田口反馈控制系统损失函数，并对基于改进的反馈控制系统损失函数的最佳管理界限进行了研究。反馈控制系统是线内质量管理的重要内容之一，在对工序质量控制、产品质量特性控制、过程控制与诊断等方面发挥着重要的作用。田口先生在考虑了测量费用、调整费用以及失控品损失的基础上设计出反馈控制系统损失函数，以此基于最小二乘法确定了反馈控制系统的最佳管理界限和最佳测量间隔。本章在研究田口反馈控制系统及其损失函数的基础上，找出田口反馈控制系统损失函数存在的问题，并且提出改进措施，得出改进的反馈控制系统损失函数。最后，针对具体实际问题进行了应用研究，并对改进前后的效果进行了对比分析。

6

测量系统质量损失函数的优化

本章在介绍田口传统测量误差损失函数的基础上，设计了动态测量误差损失函数。针对测量系统校准损失函数存在的问题，提出了改进的校准系统损失函数，并通过实例进行了验证。

在科学技术、工程项目、医疗卫生和日常生活的各个领域中，测量都是不可缺少的一项工作。所谓测量就是按照某种规律，用数据来描述观察到的现象，即对非量化事物做出量化描述的过程，也就是以确定量值为目的的一组操作。20 世纪 60 年代末期，田口先生逐步将田口方法相关理论应用到测量领域，通过测量质量损失函数相关理论评价测量误差，并对测量系统进行校准周期设计，形成了较为完善一门新的学科“测量质量工程学”。测量质量工程学主要使用测量质量损失函数和测量特性的信噪比(S/N)来表示测量质量，这些理论和方法在评价测量系统的优劣、开发质高价廉的测量系统、选择和配备适宜的测量设备等方面有着广泛的应用。在日本计量管理协会，由于通商产业省的大力支持和宣传，极力鼓励和指导工程技术人员在实践中加以应用，现已取得了良好的经济和社会效益。

6.1 传统测量系统测量误差评价

6.1.1 传统测量误差研究对象

在传统测量误差分析过程中，测量系统主要关注测量对象、计量单位、测量方法、测量准确度等四个要素。

(1)测量对象

指被测客体中相应的量值信息。比如在机械制造的检测中主要指有关几何方面的参数量，包括长度、面积、形状、高程、角度、表面粗糙度以及形位误差等。随着历史的发展，被测的量也不断扩展。在古代，被测的量主要限于长度、容量、质量等少数几个量。随着人类社会进入工业化和信息化时代，特别是物理学的发展，使得被测的量迅速增长，如电流、电压、电阻等，除了物理量，还有化学量、生物量、工程量等被测对象。

(2)计量单位

计量单位可分为基本单位和导出单位。基本单位是指在给定量制中基本量的测量单位。国际单位制中有 7 个基本单位，它们分别是米、千克、秒、开尔文、安培、摩尔、坎德拉。最近，在第 26 届国际计量大会中通过“修订国际单位制”决议，正式更新包括国际标准质量单位“千克”在内的 4 项基本单位定义，质量单位“千克”、电流单位“安[培]”、温度单位“开[尔文]”和物质的量单位“摩[尔]”采用物理常数被重新定义，新国际单位体系将于 2019 年 5 月 20 日世界计量日起正式生效。导出量是由基本量根据有关公式推导出来的其他量，导出量的单位就是导出单位。如速度的单位是由长度和时间单位组成的，用“m/s”表示。

(3)测量方法

测量方法指在进行测量时所用的按类叙述的一组操作逻辑次序。对几何量的测量而言，则是根据被测参数的特点，如公差值、大小、轻重、材质、数量等，分析研究该参数与其他参数的关系，最后确定对该参数如何进行测量的操作方法。

(4)测量的准确度

测量的准确度指测量结果与真值的一致程度。由于任何测量过程总不可避免地会出现测量误差，误差大说明测量结果离真值远，准确度低。因此，准确度和误差是两个相对的概念。由于存在测量误差，任何测量结果都是以一近似值来表示。

6.1.2 传统测量误差分析方法

所谓测量误差就是测量结果与实际值之间的差值。在传统测量系统分析过程中，一般将测量误差主要分为系统误差、随机误差和粗大误差三大类。误差产生的原因可归结为测量装置误差、环境误差、测量方法误差、人员误差四方面。研究测量误差的目的，是为了尽可能减少测量误差，提高测量的准确度。因此，测量的质量有着举足轻重的影响。

测量的质量取决于影响测量质量的测量设备、测量方法、测量人员等各种各样因素组成的测量系统。测量系统虽然类型纷繁复杂，但无论测量系统的结构和用途有多大的差别，它们都必然存在测量系统误差或变差，测量系统误差可以分为五种类型：偏倚、重复性、再现性、稳定性以及线性。传统测量系统分析主要研究这五种误差。

6.2 测量系统误差损失函数

目前，在日本计量领域，以田口先生为代表的测量质量工程学的思想和技术方法占据着主导地位。传统评价测量质量优劣的方法是用测量不确定度评定的方法进行的，在田口测量质量工程学领域则用测量特性信噪比和测量误差损失函数来表征测量质量的优劣。但在现有关于测量误差损失函数的文献中，都是针对被测量为静态的情况，对于动态测量情况下的测量误差损失函数没有研究（张月义等，2011）。本节在研究传统测量误差评价方法和田口静态测量情况下的测量误差损失函数的基础上，研究了动态测量情况下的测量误差损失函数，因为动态测量有时是在给定几个已知标准的情况下进行测量的，还可能是在实际工作中，工作人员随机抽取几个实物进行测量，本节分别对上述两种情况进行研究，并且给出了针对实际问题的应用实例。

6.2.1 静态测量误差损失函数

如果把测量看成一个数据制造过程，则在这个过程中总会存在测量波动。由于测量波动的存在，也就会带来波动损失。在传统测量系统分析（MSA）中，通常用随机测量误差的标准差或测量不确定度来表征测量质量的优劣，其实质是基于休哈特统计质量控制理论，依赖于标准符合性来判断的。即：若一个产品的质量特性测量结果为 y，目标值为 m，容差限为 d，那么传统 MSA 的质量损失可以表示为一个分段函数：

$$L(y)=\begin{cases}0, & m-d\leqslant y\leqslant m+d\\ A, & y>m+d \text{ 或 } y<m-d\end{cases} \tag{6.1}$$

$L(y)$ 为测量质量损失，A 为产品售出后由于超出规格界限而造成的损失。通常情况下，有：

$$E[L(y)]=qA \tag{6.2}$$

其中 $q=1-p_r[m-d\leqslant y\leqslant m+d]$ 为测量结果超出规格界限的概率。

在田口测量质量工程学中则使用测量误差二次损失函数和测量特性的 S/N 来表达测量质量，本书主要研究测量误差损失函数。设测量特性的真值为 m，其测量结果为 y，当 $y\neq m$，则造成质量损失，且 $|y-m|$ 越大，$E[L(y)]$ 越大。设 $L(y)$ 在 $y=m$ 处存在二阶导数，按泰勒级数展开公式有：

$$L(y)=L(m)+\frac{L'(m)}{1!}+\frac{L''(m)}{2!}+0[(y-m)^2] \tag{6.3}$$

不失一般性，若 $y=m$ 时，$L(y)=L(m)=0$；又因为 $L(y)$ 在 $y=m$ 时达到极小，故 $L'(m)=0$；再略去二阶以上的高阶项，因此有：

$$L(y)=k(y-m)^2 \tag{6.4}$$

该函数称为测量误差损失函数。对该函数两边求数学期望，则有：

$$E[L(y)]=kE(y-m)^2=k[(\mu-m)^2+\sigma^2] \qquad (6.5)$$

称 $E[L(y)]$ 为测量质量水平。式(6.5)说明测量质量期望损失 $E[L(y)]$ 是系统测量误差的损失 $k(\mu-m)^2$ 和随机测量误差损失 $k\sigma^2$ 之和。一般说来，系统测量误差可以通过测量系统的校准和调整加以消除。因此，改进测量质量的关键在于尽可能减少测量随机误差，也就是减少测量结果的不确定度。

当进行重复测量时，设被测量的真值仍然为 m，测量观测值分别为 y_1，y_2，…，y_n，称：

$$\bar{L}(y)=\frac{1}{n}\sum_{i=1}^{n}L(y_i)=k\frac{1}{n}\sum_{i=1}^{n}(y_i-m)^2=kV_T \qquad (6.6)$$

为测量误差的平均损失。

式中，$V_T=\frac{1}{n}\sum_{i=1}^{n}(y_i-m)^2$ 为测量误差的均方差。

传统的测量系统分析(MSA)方法主要内容是分析测量系统的分辨力、稳定性、线性、偏倚以及 GR&R。它的理论基础是统计过程控制(SPC)，使用过程稳定及校准，以图降低 $k(\mu-m)^2$ 所造成的质量损失，而对 $k\sigma^2$ 既缺乏认识也缺少相应消除措施。二次测量误差损失函数是田口测量质量工程学的理论基础，用损失函数描述测量质量更加切合实际，可以促使工程技术人员从技术和经济两个方面分析改进测量系统的设计与制造过程。

6.2.2 动态测量误差损失函数设计

在目前测量质量工程学领域，衡量测量误差的损失函数适用于被测量为固定值的情况。但在实践中，被测量既有可能是固定值，也有可能是动态变化的。

当被测量为动态特性时，其目标值随着被测量(信号因子水平)的变化而变化。设测量结果的测量特性值为 y，$y \sim N(\alpha + \beta M, \sigma^2)$，即：

$$y = \alpha + \beta M + \varepsilon。 \tag{6.7}$$

式中：M 为被测量(信号因子)，$\varepsilon \sim N(0, \sigma^2)$。

当被测量(信号因子)变化时，测量结果的动态特性值 y 会取一系列随机值。

对于动态的测量特性，与静态测量误差损失函数不同的是：目标值 m 不是固定值，而是一个随被测量(信号因子)变化而变化的目标函数，即有：

$$m = \alpha + \beta M \tag{6.8}$$

与静态测量误差损失函数相似，定义动态测量误差损失函数为：

$$L(y) = k[y - (\alpha + \beta M)]^2 \tag{6.9}$$

这里的损失系数 k 可以用相同的方法确定，当知道测量特性值与目标值偏离 Δ 时的损失为 A 元时，损失系数 $k = \frac{A}{\Delta^2}$。但式(6.9)中的 α，β 是未知常数，即使再给出一个被测量(信号因子)M 得到一

个测量特性值 y 也无法计算 $L(y)$。

对式(6.9)求数学期望，并将式(6.7)代入得：

$$E[L(y)]=E\{k[y-(\alpha+\beta M)]^2\}=kE[y-(\alpha+\beta M)]^2=k\sigma^2$$

简记为：

$$E[L(y)]=k\sigma^2 \tag{6.10}$$

由此可见，确定测量误差平均损失的关键是求测量误差方差的估计值 $\hat{\sigma}^2$。

6.2.3 已知信号因子时动态测量误差损失函数

在实际衡量测量误差大小时，有时是用一些标准物质测量若干次来评价测量质量特性，而在工作现场则可能随机抽取几个实物测量若干次来评价测量质量特性。本节研究用几个标准物质测量时测量误差损失的计算方法。

6.2.3.1 测量误差损失函数的确定方法

设有 n 个标准物质 M_1，M_2，…，M_n，称 M 为被测量(信号因子)，M_1，M_2，…，M_n为 M 的 n 个水平，对每个标准物质，进行 r_0 次独立重复测量，测量结果如表 6.1 所示。

在表 6.1 中，T_i为标准物质为 M_i时重复测量 r_0次所得测量特性值之和，T 表示所有nr_0次测量的测量特性值之和。根据最小二乘法原理，损失函数的确定步骤为：

表 6.1 测量结果数据表

信号因子 M	j					$\sum$
	1	2	3	…	r_0	
M_1	y_{11}	y_{12}	y_{13}	…	y_{1r_0}	T_1
M_2	y_{21}	y_{22}	y_{23}	…	y_{2r_0}	T_2
⋮	⋮	⋮	⋮	⋮	⋮	⋮
M_n	y_{n1}	y_{n2}	y_{n3}	…	y_{nr_0}	T_n
$\sum$						T

(1)求 α，β 的估计值

$$\hat{\beta}=\frac{S_{My}}{S_{MM}}=\frac{\sum_{i=1}^{n}\sum_{j=1}^{r_0}(M_i-\overline{M})(y_{ij}-\overline{y})}{\sum_{i=1}^{n}\sum_{j=1}^{r_0}(M_i-\overline{M})^2}=\frac{\sum_{i=1}^{n}(M_i-\overline{M})T_i}{r_0\sum_{i=1}^{n}(M_i-\overline{M})^2}$$

记：$r=r_0\sum_{i=1}^{n}(M_i-\overline{M})^2$

则有：

$$\hat{\beta}=\frac{1}{r}\sum_{i=1}^{n}(M_i-\overline{M})T_i \tag{6.11}$$

$$\hat{\alpha}=\overline{y}-\hat{\beta}\overline{M} \tag{6.12}$$

(2)进行波动平方和分解

总波动平方和 S_T 为：

$$S_T=\sum_{i=1}^{n}\sum_{j=1}^{r_0}(y_{ij}-\overline{y})^2=\sum_{i=1}^{n}\sum_{j=1}^{r_0}y_{ij}^2-\frac{T^2}{nr_0} \tag{6.13}$$

其自由度为：

$$f_{总} = nr_0 - 1 \tag{6.14}$$

信号 M 引起的波动平方和 S_β 为：

$$S_\beta = \frac{1}{r}\left[\sum_{i=1}^{n}(M_i - \overline{M})T_i\right]^2 \tag{6.15}$$

相应自由度为：

$$f_\beta = 1 \tag{6.16}$$

测量误差引起的波动平方和 S_e 为：

$$S_e = S_T - S_\beta \tag{6.17}$$

相应自由度为：

$$f_e = nr_0 - 2 \tag{6.18}$$

(3)求测量误差方差的估计值

$$\hat{\sigma}^2 = V_e = \frac{S_e}{f_e} = \frac{S_T - S_\beta}{nr_0 - 2} \tag{6.19}$$

(4)求动态测量的测量误差损失函数

对于动态测量误差损失的数学期望可以由式(6.10)得：

$$E[L(y)] = k\sigma^2 \tag{6.20}$$

将式(6.19)代入式(6.20)得动态测量的测量误差损失函数的估计式为：

$$\hat{L}(y) = k \cdot \frac{S_T - S_\beta}{nr_0 - 2} \tag{6.21}$$

6.2.3.2 实际问题

三坐标测量仪是一种通用长度测量工具，主要用于测量复杂形状表面轮廓尺寸。为研究某三坐标测量仪的测量性能，工程师选择了五种标准零件：$M_1 = 10\text{mm}$，$M_2 = 15\text{mm}$，$M_3 = 20\text{mm}$，$M_4 = 25\text{mm}$，$M_5 = 30\text{mm}$。每种标准零件测量 3 次，测量结果见表 6.2。

表 6.2　三坐标测量仪测量数据表

单位：mm

序号	M_1	M_2	M_3	M_4	M_5	$\sum$
1	10.003	15.001	19.996	24.991	30.010	100.001
2	9.998	14.999	20.001	25.001	29.995	99.994
3	10.002	14.999	20.001	24.998	29.994	99.994
$\sum$	30.003	44.999	59.998	74.99	89.999	299.989

设该三坐标测量仪的最大允许误差（即容差 Δ）为 0.020mm，测量误差超出最大允许误差时的损失为 20 元，试确定该三坐标测量仪的测量误差损失函数。

解：(1) 计算 α，β 的估计值

$$\overline{M} = \frac{1}{5}\sum_{i=1}^{5} M_i = \frac{1}{5} \times (10 + 15 + 20 + 25 + 30) = 20(\text{mm})$$

$$r = r_0 \sum_{i=1}^{n} (M_i - \overline{M})^2 = 3 \times [(10 - 20)^2 + \cdots + (30 - 20)^2]$$

$$= 750(\text{mm}^2)$$

于是：

$$\hat{\beta} = \frac{1}{r}\sum_{i=1}^{n} (M_i - \overline{M}) T_i$$

$$= \frac{1}{750}[(10 - 20) \times 30.003 + \cdots + (30 - 20) \times 89.999]$$

$$= 0.9999$$

$$\hat{\alpha} = \bar{y} - \hat{\beta}\overline{M} = \frac{299.989}{3 \times 5} - 0.9999 \times 20 = 0.001$$

(2)进行波动平方和分解

总波动平方和 S_T 为：

$$S_T = \sum_{i=1}^{n} \sum_{j=1}^{r_0} (y_{ij} - \bar{y})^2 = \sum_{i=1}^{n} \sum_{j=1}^{r_0} y_{ij}^2 - \frac{T^2}{nr_0}$$

$$= (10.003^2 + \cdots + 29.994^2) - \frac{299.989^2}{5 \times 3}$$

$$= 749.8302769 (\text{mm}^2)$$

其自由度为：$f_{总} = nr_0 - 1 = 5 \times 3 - 1 = 14$

信号 M 引起的波动平方和 S_β 为：

$$S_\beta = \frac{1}{r} [\sum_{i=1}^{n} (M_i - \overline{M}) T_i]^2$$

$$= \frac{1}{750} \times [(10 - 20) \times 30.003 + \cdots + (30 - 20) \times 89.999]^2$$

$$= 749.8300096 (\text{mm}^2)$$

相应自由度为：$f_\beta = 1$

测量误差引起的波动平方和 S_e 为：

$$S_e = S_T - S_\beta = 749.8302769 - 749.8300096 = 0.0002673 (\text{mm}^2)$$

相应自由度为：$f_e = nr_0 - 2 = 5 \times 3 - 2 = 13$

(3)求测量误差方差的估计值

$$\hat{\sigma}^2 = V_e = \frac{S_e}{f_e} = \frac{S_T - S_\beta}{nr_0 - 2} = \frac{0.0002673}{13} = 2.056 \times 10^{-5} (\text{mm}^2)$$

(4)求动态测量的测量误差损失函数

由于 $\Delta=0.02\text{mm}$，$A=20$ 元，则损失函数的系数为：

$$k=\frac{20}{0.02^2}=50000$$

于是，可以通过式(6.21)计算测量误差损失的估计值为：

$$\hat{L}(y)=k\cdot\frac{S_T-S_\beta}{nr_0-2}=50000\times2.056\times10^{-5}=1.028(\text{元})$$

计算结果表明，上述 15 次测量的平均测量误差损失为 1.028 元。

6.2.4 未知信号因子时动态测量误差损失函数

上一节研究的是用一些标准物质测量时测量误差损失的大小，也就是信号因子是给定的情况下计算测量误差损失。本节研究在工作现场用一些实物测量时测量误差损失的大小。

6.2.4.1 测量误差损失函数的确定方法

设在工作现场随机抽取 n 个实物，其未知的真值分别用 M_1，M_2，$\cdots$，M_n 表示，对每个实物进行 r_0 次独立重复测量，测量结果见表 6.3。

在表 6.3 中，T_i 为实物 M_i 时重复测量 r_0 次所得测量特性值之和，T 表示所有 nr_0 次测量的测量结果之和。

表 6.3 测量结果数据表

信号因子 M(未知)	j					$\sum$
	1	2	3	…	r_0	
M_1	y_{11}	y_{12}	y_{13}	…	y_{1r_0}	T_1
M_2	y_{21}	y_{22}	y_{23}	…	y_{2r_0}	T_2
⋮	⋮	⋮	⋮	⋮	⋮	⋮
M_n	y_{n1}	y_{n2}	y_{n3}	…	y_{nr_0}	T_n
$\sum$						T

与已知信号因子相比，除了真值未知外，按照最小二乘法原理，只有信号 M 引起的波动平方和计算公式不同，其他计算过程基本一致。未知信号因子时，信号 M 引起的波动平方和计算公式为：

$$S_M = \frac{1}{r_0}\sum_{i=1}^{n} T_i^2 - \frac{T^2}{nr_0} \tag{6.22}$$

$$f_M = n - 1$$

此时，测量误差引起的波动平方和 S_e 为：

$$S_e = S_T - S_M \tag{6.23}$$

相应自由度为：

$$f_e = n(r_0 - 1)$$

则测量误差方差的估计值为：

$$\hat{\sigma}^2 = V_e = \frac{S_e}{f_e} = \frac{S_T - S_M}{n(r_0 - 1)} \tag{6.24}$$

于是未知信号因子时测量误差损失函数的估计式为：

$$\hat{L}(y) = k \cdot \frac{S_T - S_M}{n(r_0 - 1)} \tag{6.25}$$

6.2.4.2 实际问题

针对 6.2.3.2 中的实例，现在假定标准值未知，其余条件和测量结果与 6.2.3.2 中的实例完全一致。测量误差损失函数的计算步骤如下：

总波动平方和计算方式不变，计算结果为：

$$S_T = \sum_{i=1}^{n}\sum_{j=1}^{r_0}(y_{ij} - \bar{y})^2 = \sum_{i=1}^{n}\sum_{j=1}^{r_0} y_{ij}^2 - \frac{T^2}{nr_0} = 749.8302769(\text{mm}^2)$$

未知信号 M 引起的波动平方和为：

$$S_M = \frac{1}{r_0}\sum_{i=1}^{n} T_i^2 - \frac{T^2}{nr_0} = \frac{1}{3}(30.003^2 + \cdots + 89.999^2) - \frac{299.989^2}{5 \times 3}$$

$$= 749.8300303(\text{mm}^2)$$

自由度：$f_M = 4$

测量误差引起的波动平方和为：

$$S_e = S_T - S_M = 749.8302769 - 749.8300303 = 0.0002466(\text{mm}^2)$$

相应自由度为：$f_e = 5 \times (3 - 1) = 10$

则测量误差方差的估计值为：

$$\hat{\sigma}^2 = V_e = \frac{S_e}{f_e} = \frac{S_T - S_M}{n(r_0 - 1)} = \frac{0.0002466}{10} = 0.00002466(\text{mm}^2)$$

损失系数与例 6.2.3.2 一致，$k = 50000$。

于是未知信号因子时测量误差损失的估计值为：

$$\hat{L}(y) = k \cdot \frac{S_T - S_M}{n(r_0 - 1)} = 50000 \times 0.00002466 = 1.233(\text{元})$$

计算结果表明，如果我们用实物去测量，造成的损失要比用已知信号因子测量时大些。

6.3 测量系统校准损失函数的改进

“基于证据的决策”是质量管理基本原则之一，也可以理解为一切凭数据来说话，这就需要通过对测量系统进行校准来确保收集数据的测量系统的精确度和准确度。因此，间隔多长时间对测量系统校准就成为计量领域长期研究的问题。在较早时期，我国参照国外的做法并结合实际经验，规定了绝大多数计量器具的校准周期为1年，但是这个规定的周期本身并无严格的理论依据。而现行颁布的测量系统校准规范不再对校准周期进行统一规定，而由各个生产厂家和研究机构根据具体情况自行规定。无论是早期固定校准周期的做法还是由使用单位自行确定校准周期显然都是不尽合理的。为了确保测量质量，必须根据仪器本身的使用频率、校准费用、维护费用以及因本身质量带来的可能损失等因素，制定相应的校准周期。20世纪60年代末期，著名质量工程学家田口先生将田口线内和线外质量管理理论应用于测量领域，创建了测量质量工程学理论。田口先生通过确定合理的校准系统损失函数，运用最小二乘法，确定了测量设备最佳调整界限和最佳校准周期。但田口先生确定的二次质量损失函数本身还存在一些不完善之处（张月义等，2009），本节在分析研究田口校准系统损失函数存在问题的基础上，研究出改进的校准系统损失函数，并对改进后的损失函数进行了应用研究。

6.3.1 传统测量系统校准方法

校准是指在规定条件下，为确定计量器具示值误差的一组操作。即是在规定条件下，为确定计量仪器或测量系统的示值，或实物量具或标准物质所代表的值，与相对应的被测量的已知值之间关系的一组操作。校准结果可用以评定计量仪器、测量系统或实物量具的示值误差，或给任何标尺上的标记赋值。校准系统就是由环境、仪器、人员等各种各样因素组成的校准系统。校准对环境条件、作为校准用的标准仪器、进行校准的人员等都有要求。定期校准是指依规定日程表实施校准，不定期校准是指产品在制程中或成品转运时发生变异，或对使用的量规发生怀疑，或发生量规进度受损或跌落情形，应立即通知量规、仪器管理单位或管理人员校验。

校准周期，指在两次校准之间的特定时间或条件设定。测量设备或测量系统的校准分周期校准和日常校准两种。在我国，为了与国际接轨，现行颁布的校准规范不再对校准周期进行统一规定，实践中，校准证书也不应包含对校准时间间隔的建议，除非已与客户达成协议，也就是说一般校准机构出具的校准证书不应有建议下次再校准的时间建议，除非客户要求，对于需要校准的设备企业可以根据自己实际工作的需要自行确定校准周期，当然校准周期的确定要从设备使用的实际出发，以满足工作需要为前提条件，如果自行定义的校准周期和第三方提供的周期不一致，可以在校准之前和校准机构协议解决。因此，对于大多数计量器具而言，校准周期由企业根据实际情况自行规定。于是，各生产厂家、仪器使用单位出于种种原因随意地确定校准周期。有的是每隔一年校准一次，还有些是半年一次，或者三个月一次等。对于日常校准，有的规定每周一次，有的规定每个月一次，还有些企业规定每次使用前都进行校准。不管校准周期规定多长时间，都应该是充分考虑仪器本身的使用频率、校准费用、维护费用以及因本身质量带来的可能损失等因素，制定相应的校准周期。

6.3.2 测量系统校准损失函数

设某种测量设备的允许误差(也即容差)为 Δ，调整界限为 D，每隔一定的间隔 n，用高一等级的测量标准进行校准，若测量设备的误差未超过调整界限 D 则不必调整，若测量设备的误差超过 D 则必须进行调整。称对(n，D)进行优化的过程为测量设备校准系统的最优化。对于测量设备校准系统，田口先生参照反馈控制系统损失函数建立的损失函数为：

$$L=\frac{B}{n}+\frac{C}{u}+\frac{A}{\Delta^2}\left(\frac{D^2}{3}+\frac{n}{2}\times\frac{D^2}{u}+\sigma_s^2\right) \tag{6.26}$$

式中各参数的含义：

B 为测量设备校准费用；

n 为测量设备最佳校准周期；

C 为测量设备调整费用；

u 为最佳平均调整间隔预测值；

A 为测量设备误差超出允许误差的损失；

Δ 为测量设备的允许误差；

σ_s 为上一等级测量标准的标准差。

式(6.26)中各部分的含义为：

$\frac{A}{\Delta^2}$为损失函数的损失系数；

$\frac{B}{n}$为单位产品测量设备校准费用；

$\frac{C}{u}$为单位产品测量设备调整费用；

$\sigma_m^2 = \frac{D^2}{3} + \frac{n}{2} \times \frac{D^2}{u} + \sigma_s^2$为测量误差方差；

$\frac{A}{\Delta^2}\left(\frac{D^2}{3} + \frac{n}{2} \times \frac{D^2}{u} + \sigma_s^2\right)$为单位产品测量误差损失费用。

此外，田口先生还确定了两个参数：u_0 初期平均调整间隔统计值和 D_0测量设备初期调整界限，假定它们之间的关系为：

$$u = \frac{u_0 D^2}{D_0^2} \tag{6.27}$$

这样，可以将式(6.26)转化为 n，D 的函数，即：

$$L(n,\ D) = \frac{B}{n} + \frac{CD_0^2}{u_0 D^2} + \frac{A}{\Delta^2}\left[\frac{D^2}{3} + \frac{n}{2} \times \frac{D_0^2}{u_0} + \sigma_s^2\right] \tag{6.28}$$

损失函数(6.28)有两个未知参数测量设备最佳校准周期 n 和最佳调整界限 D。据 $L(n, D) = \min$ 的原则，采用最小二乘法，分别对两个未知参数求偏导数，得到方程组：

$$\begin{cases} \dfrac{\partial L(n, D)}{\partial D} = 0 \\ \dfrac{\partial L(n, D)}{\partial n} = 0 \end{cases} \tag{6.29}$$

解方程组(6.29)可得如下解：

$$n = \sqrt{\frac{2Bu_0}{A}} \times \frac{\Delta}{D_0} \tag{6.30}$$

$$D = \left(\frac{3CD_0^2\Delta^2}{Au_0}\right)^{\frac{1}{4}} \tag{6.31}$$

此即为测量设备最佳校准系统的最佳校准周期和最佳调整界限。利用校准系统损失函数的理论还可以对该校准系统的最佳平均调整间隔进行预测。由式(6.27)即可得平均调整间隔预测值 u。

6.3.3　校准系统损失函数的改进

测量设备校准系统损失函数是测量质量工程学中的重要内容，在线内质量管理活动中发挥着重要的作用。但是，损失函数本身还存在一些问题：

(1)当测量误差超过调整界限时，将超出调整界限的测量误差全部看作在调整界限上，这样势必使这部分损失偏小；

(2)测量误差未超出调整界限的概率(损失函数中认为等于1)与超出调整界限的概率($\frac{n}{2}\times\frac{1}{u}$)之和大于1，即未超出调整界限的概率考虑过大，从而使这部分损失偏大；

(3)对测量设备进行校准和调整都需要时间，这些由于校准和调整所造成的停工时间产生的利润在损失函数中没有考虑。

根据我国的实际情况，经常假定产品的规格界限$\Delta=3\sigma$，此时，不合格品率大约为0.27%，比较符合实际情况。将其引入测量领域，设测量误差的容差$\Delta=3\sigma$，则$\sigma=\frac{\Delta}{3}$，依据实际测量值服从正态分布的假设，得：

$$f(y)=\frac{1}{\frac{\Delta}{3}\sqrt{2\pi}}\exp\left[-\frac{(y-m)^2}{2\left(\frac{\Delta}{3}\right)^2}\right] \tag{6.32}$$

即$y\sim N\left[m,\left(\frac{\Delta}{3}\right)^2\right]$，如图6.1所示。

首先，确定实际测量值落在区间$[m-\Delta, m-D]$及$[m+D, m+\Delta]$内的期望损失。上下调整界限上的概率密度相等，令其为K_D，即

$$K_D=f(m+D)=f(m-D)=\frac{3}{\Delta\sqrt{2\pi}}\exp\left[-\frac{9D^2}{2\Delta^2}\right] \tag{6.33}$$

假设$f(y)$在这两区间内近似为线性函数，则其线性关系分别为：

$$f_1(y)=\frac{K_D}{\Delta-D}[y-(m-\Delta)],\quad y\in[m-\Delta, m-D] \tag{6.34}$$

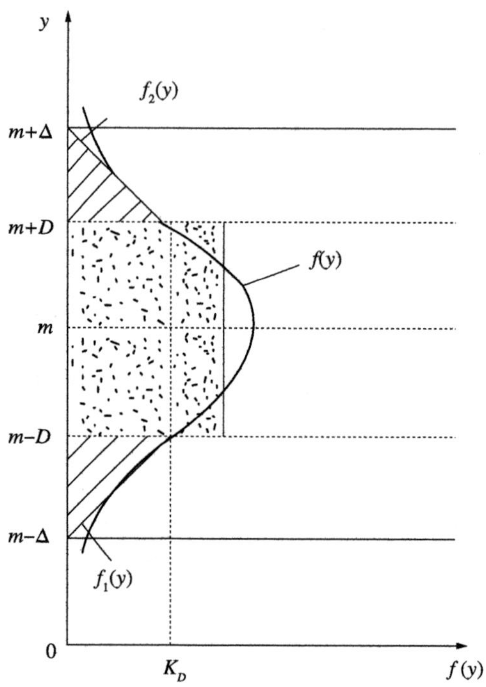

图 6.1 观测值正态分布近似图

$$f_2(y)=\frac{K_D}{\Delta-D}[(m+\Delta)-y],\ y\in[m+D,\ m+\Delta] \tag{6.35}$$

将式(6.34)和式(6.35)转化为密度函数，令：

$$\psi\left\{\int_{m-\Delta}^{m-D}\frac{K_D}{\Delta-D}[y-(m-\Delta)]\mathrm{d}y+\int_{m+D}^{m+\Delta}\frac{K_D}{\Delta-D}[(m+\Delta)-y]\mathrm{d}y\right\}=1 \tag{6.36}$$

即有：$\psi=\dfrac{1}{K_D(\Delta-D)}$

由此可得损失函数 $L(y)=\dfrac{A}{\Delta^2}(y-m)^2$ 在区间$[m-\Delta,\ m-D]$及$[m+D,\ m+\Delta]$上的期望损失为：

$$E[L(y)] = \int_{-\infty}^{+\infty} L(y)f(y)\mathrm{d}y$$

$$= \int_{m-\Delta}^{m-D} \psi f_1(y)L(y)\mathrm{d}y + \int_{m+D}^{m+\Delta} \psi f_2(y)L(y)\mathrm{d}y$$

$$= \int_{m-\Delta}^{m-D} \frac{1}{K_D(\Delta - D)} \cdot \frac{K_D}{\Delta - D}[y - (m - \Delta)] \cdot \frac{A}{\Delta^2}(y-m)^2\mathrm{d}y +$$

$$\int_{m+D}^{m+\Delta} \frac{1}{K_D(\Delta - D)} \cdot \frac{K_D}{\Delta - D}[(m + \Delta) - y] \cdot \frac{A}{\Delta^2}(y-m)^2\mathrm{d}y$$

$$= \frac{A}{\Delta^2} \cdot \frac{1}{(\Delta - D)^2} \cdot \frac{2\Delta}{3}(\Delta^3 - D^3) - \frac{A}{\Delta^2} \cdot \frac{1}{(\Delta - D)^2} \cdot \frac{1}{2}(\Delta^4 - D^4)$$

$$= \frac{A}{\Delta^2} \cdot \frac{\Delta^2 + 2\Delta D + 3D^2}{6} \tag{6.37}$$

其次，确定实际测量值落在区间$[m - D, m + D]$内的期望损失。在原校准系统损失函数中，假定实际测量值在区间$[m - D, m + D]$内是服从均匀分布的，其方差为$\frac{D^2}{3}$。但是，实际测量值超出调整界限的概率并不等于1，应该是$1 - \frac{n}{2} \cdot \frac{1}{u}$。

综上所述，可得到改进后的校准系统损失函数为：

$$L^* = \frac{B + B_1}{n} + \frac{C + C_1}{u} + \frac{A}{\Delta^2} \cdot \left(\frac{n}{2} \cdot \frac{1}{u}\right) \cdot \frac{\Delta^2 + 2\Delta D + 3D^2}{6} +$$

$$\frac{A}{\Delta^2}\left[\left(1 - \frac{n}{2} \cdot \frac{1}{u}\right) \cdot \frac{D^2}{3} + \sigma_S^2\right]$$

$$= \frac{B + B_1}{n} + \frac{C + C_1}{u} + \frac{A}{\Delta^2} \cdot \left[\frac{D^2}{3} + \frac{n}{2} \cdot \frac{1}{u} \cdot \frac{(\Delta + D)^2}{6} + \sigma_S^2\right] \tag{6.38}$$

式中：

B_1 表示由于校准引起的停工时间可以产生的利润；

C_1 表示由于调整引起的停工时间可以产生的利润。

这里仍然假定 $u=\frac{u_0 D^2}{D_0^2}$，将其代入式(6.38)得：

$$L^*=\frac{B+B_1}{n}+\frac{(C+C_1)D_0^2}{u_0}\cdot\frac{1}{D^2}+\frac{A}{\Delta^2}\cdot\left[\frac{D^2}{3}+\frac{n}{2}\cdot\frac{D_0^2}{u_0 D^2}\cdot\frac{(\Delta+D)^2}{6}+\sigma_S^2\right] \tag{6.39}$$

对式(6.39)分别求 n，D 的偏导数，并令其等于 0，得方程组：

$$\begin{cases} -\dfrac{B+B_1}{n^2}+\dfrac{1}{2}\cdot\dfrac{A}{\Delta^2}\cdot\dfrac{D_0^2}{6u_0}\cdot\left(\dfrac{\Delta}{D}+1\right)^2=0 \\ -\dfrac{2(C+C_1)D_0^2}{u_0}\cdot\dfrac{1}{D^3}+\left[\dfrac{2D}{3}-\dfrac{n}{6}\cdot\dfrac{D_0^2}{u_0}\cdot\left(\dfrac{\Delta^2}{D^3}+\dfrac{\Delta}{D^2}\right)\right]=0 \end{cases} \tag{6.40}$$

即：

$$\begin{cases} n=\dfrac{2\Delta}{D_0}\cdot\dfrac{D}{\Delta+D}\cdot\sqrt{\dfrac{3u_0(B+B_1)}{A}} \\ D=\sqrt[4]{\dfrac{3(C+C_1)D_0^2\Delta^2}{Au_0}+\dfrac{n}{4}\cdot\dfrac{\Delta D_0^2}{u_0}(\Delta+D)} \end{cases} \tag{6.41}$$

由式(6.41)不易求出最佳校准周期 n 和最佳调整界限 D，可以通过迭代法解出，即通过如下关系式计算：

$$\begin{cases} n_{i+1}=\dfrac{2\Delta}{D_0}\cdot\sqrt{\dfrac{3u_0(B+B_1)}{A}}\cdot\dfrac{D_i}{\Delta+D_i} \\ D_{i+1}=\sqrt[4]{\dfrac{3(C+C_1)D_0^2\Delta^2}{Au_0}+\dfrac{n_{i+1}}{4}\cdot\dfrac{\Delta D_0^2}{u_0}(\Delta+D_i)} \end{cases} \quad i=0, 1, 2, \cdots \tag{6.42}$$

一般情况下，用式(6.42)进行迭代是收敛的。求出最佳校准周期 n 和最佳调整界限 D 后，就可以用 $u=\frac{u_0D^2}{D_0^2}$ 对最佳调整间隔 u 进行预测。

6.3.4 实际问题

轻触薄膜开关的一个非常重要的特性为动作力。该产品由自动组装机进行生产，并且配备动作力检查单元，进行全数检查。通常产品的动作力规格为 $m\pm 25\mathrm{g}$，当产品超出规格限时的损失为 1 元(产品的单价为 1 元)。生产现场用测力计来测量该产品的动作力，测量误差的校准用砝码(0g，200g)来进行，砝码的误差可以忽略，现行校准周期为每天 1 次，校准费用 25 元。另外，校准用时 5 分钟，本可以生产 50 个产品，创造 25 元的利润。现行调整界限 2g，平均调整间隔统计值为 3 天，调整费用 50 元。调整时间约为 10 分钟，本可以生产 100 个产品，创造 50 元的利润。该产品每天产量 4800 个，每年生产 300 天。

利用式(6.38)求初始状态校准系统的损失为：

$$L_0^* = \frac{B+B_1}{n_0}+\frac{C+C_1}{u_0}+\frac{A}{\Delta^2}\cdot\left[\frac{D_0^2}{3}+\frac{n_0}{2}\cdot\frac{1}{u_0}\cdot\frac{(\Delta+D_0)^2}{6}+\sigma_S^2\right]$$

$$=\frac{25+25}{4800}+\frac{50+50}{3\times 4800}+\frac{1}{25^2}\left[\frac{2^2}{3}+\frac{4800}{2}\times\frac{1}{3\times 4800}\times\frac{(25+2)^2}{6}+0\right]$$

$$=0.0866(\text{元})$$

利用式(6.42)寻找最佳校准周期和最佳调整界限：

$$n_1 = \frac{2\Delta}{D_0} \cdot \sqrt{\frac{3u_0(B+B_1)}{A}} \cdot \frac{D_0}{\Delta + D_0}$$

$$= \frac{2 \times 25}{2} \times \sqrt{\frac{3 \times 3 \times 4800 \times (25+25)}{1}} \times \frac{2}{25+2}$$

$$= 2721.66(\text{件})$$

$$D_1 = \sqrt[4]{\frac{3(C+C_1)D_0^2\Delta^2}{Au_0} + \frac{n_1}{4} \cdot \frac{\Delta D_0^2}{u_0}(\Delta + D_0)}$$

$$= \sqrt[4]{\frac{3 \times (50+50) \times 2^2 \times 25^2}{1 \times 3 \times 4800} + \frac{2721.66}{4} \times \frac{25 \times 2^2}{3 \times 4800}(25+2)}$$

$$= 3.66(\text{g})$$

$$n_2 = \frac{2\Delta}{D_0} \cdot \sqrt{\frac{3u_0(B+B_1)}{A}} \cdot \frac{D_1}{\Delta + D_1}$$

$$= 4692.14(\text{件})$$

$$D_2 = \sqrt[4]{\frac{3(C+C_1)D_0^2\Delta^2}{Au_0} + \frac{n_2}{4} \cdot \frac{\Delta D_0^2}{u_0}(\Delta + D_1)}$$

$$= 4.11(\text{g})$$

$$n_3 = \frac{2\Delta}{D_0} \cdot \sqrt{\frac{3u_0(B+B_1)}{A}} \cdot \frac{D_2}{\Delta + D_2}$$

$$= 5187.59(\text{件})$$

$$D_3 = \sqrt[4]{\frac{3(C+C_1)D_0^2\Delta^2}{Au_0} + \frac{n_3}{4} \cdot \frac{\Delta D_0^2}{u_0}(\Delta + D_2)}$$

$$= 4.21(\text{g})$$

$$n_4 = \frac{2\Delta}{D_0} \cdot \sqrt{\frac{3u_0(B+B_1)}{A}} \cdot \frac{D_3}{\Delta + D_3}$$

$$= 5295.61(件)$$

$$D_4 = \sqrt[4]{\frac{3(C+C_1)D_0^2\Delta^2}{Au_0} + \frac{n_4}{4} \cdot \frac{\Delta D_0^2}{u_0}(\Delta + D_3)}$$

$$= 4.23(g)$$

迭代到第 4 步，n、D 基本上就收敛了，考虑到实际校准和调整的方便，取最佳校准间隔 $n = 5300$(件)，$D = 4.2$(g)。由式(6.27)可得最佳调整间隔的预测值为：

$$u = \frac{u_0 D^2}{D_0^2}$$

$$= \frac{3 \times 4800 \times 4.2^2}{2^2}$$

$$= 63504(件)$$

为计算方便，取 $u = 63500$(件)。

将 n、D 及 u 代入式(6.38)求最佳校准系统的损失为：

$$L^* = \frac{B+B_1}{n} + \frac{C+C_1}{u} + \frac{A}{\Delta^2} \cdot \left[\frac{D^2}{3} + \frac{n}{2} \cdot \frac{1}{u} \cdot \frac{(\Delta + D)^2}{6} + \sigma_S^2\right]$$

$$= \frac{25+25}{5300} + \frac{50+50}{63500} + \frac{1}{25^2}\left[\frac{4.2^2}{3} + \frac{5300}{2} \times \frac{1}{63500} \times \frac{(25+4.2)^2}{6} + 0\right]$$

$$= 0.0299(元)$$

校准系统最优化后，单件产品可减少损失为：

$$\Delta L^* = L_0^* - L^*$$

$$= 0.0866 - 0.0299$$

$$= 0.0567(\text{元})$$

该产品一年可节约资金：

$$y^* = \Delta L^* \times 4800 \times 300$$

$$= 81648(\text{元})$$

从计算结果可以看出，如果应用改进后的校准系统进行校准，每年可以为公司节约资金 81648 元。

6.4 本章小结

本章对动态测量的测量误差损失函数和测量系统校准损失函数进行了研究。在传统测量领域，经常用随机测量误差标准差或测量结果不确定度来表征测量质量的优劣。在田口先生创建的测量质量工程学理论中，用测量误差损失函数和测量特性的 S/N 加以描述。本章第 2 节主要研究了测量误差损失函数的理论，作者在查阅并研究文献资料时发现，现有的测量误差损失函数只是针对被测量是固定值的情况。众所周知，实践中被测量往往是动态变化的，因此，作者在研究静态测量误差损失函数的基础上，提出了动态测量误差损失函数，详细介绍了确定动态测量误差损失函数的步骤，包括已知信号因子（测量标准）和未知信号因子（测量实物）时测量误差损失函数的确定方法，并通过具体实际问题进行了应用研究。测量系统的校准周期是计量领域长期研究的问题。传统测量系统的校准周期要么是一年一次，要么无限期延长校准周期，以节约成本。在实际工作中，应该根据仪器本身的使用频率、校准费用、维护费用以及因本身质量带来的可能损失等因素，制定相应的校准周期。否则，可能增加校准成本，也可能减少收益。例如某测量系统一次校准，需要花费 2500 元。如果某一个公司有 200 台这种仪器，每年进行一次校准，就需要花费 50 万元。在实践中，有些单位为了节省校准费用，任意延长校准周期，这种做法是对质量损失经济性的误解，其后果要么是给用户带来损失，要么是给自己留下隐患，也就是说给社会带来不可避免的负效应。使用田口质量损失函数分析方法，可以建立校准周期理论公式对最佳校准周期进行推定。本章第 3 节在探究田口测量系统校准损失函数的基础上，分析了田口测量系统校准损失函数存在的问题，提出了改进的测量系统校准损失函数进而设计了测量系统的最佳校准周期，并通过实例进行了验证。

7

结论与展望

本章较为系统地总结了本书的主要结论，梳理了本书的创新点，也提出了部分研究的不足。

7.1 本书的结论

我国经济已由高速增长阶段转向高质量发展阶段，在我国迈入质量时代的背景下，无论是以提升产品质量水平为目标，还是旨在增强企业质量效益，如何客观评价质量水平、将质量与经济效益结合起来，对于作为质量强国建设主体的企业而言已经成为一道亟需求解的命题。田口质量损失函数在衡量和评价质量方面具有更好的效果，但田口质量损失函数还有不完善之处。在传统的测量领域，常用测量误差的标准差或测量不确定度来衡量测量质量的优劣。而在田口先生创建的测量质量工程学中，常用测量误差损失函数来反映测量质量。在目前的测量误差损失函数中，基本上都是针对静态测量的，即被测量是固定不变的，但在实际的测量过程中，被测量往往是动态变化的。此时，测量人员需要知道如何评价动态测量质量的优劣。

现代质量管理追求的是结果，同时也关注过程。“过程方法”是质量管理七项原则之一，过程控制领域应用了很多过程控制技术。在田口线内质量管理理论中，一般是通过设计反馈控制系统进行控制的，田口先生在考虑测量费用、调整费用以及失控品的损失等因素的基础上，确定了反馈控制系统损失函数，并应用最小二乘法得出反馈控制系统的最佳管理界限和最佳抽样间隔。这种方法目前在不少国家都有非常广泛的应用。测量设备或测量系统的校准分周期校准和日常校准两种，其校准方法往往依据国家或行业颁布的检定规程或校准规范确定，在对计量器具各参量的典型值进行测量后，给出测量结果及测量不确定度或误差。但在仪器的实际使用过程中，使用者往往需要知道非典型点的测量数据及其测量不确定度，仅仅依据国家或行业发布的校准规范或仪器厂商提供的校准方法，只对规定的项目及其典型点进行校准就显得远远不够。如果能从典型点的测量数据推断出全量程任一点的测量数据并给出测量不确定度，不仅能满足各类用户的需要，也将大大节省仪器校准成本。田口测量质量工程学很好地解决了仪器校准过程中的这个难题。田口先生根据仪器本身使用的频率、校准的费用、维护费用以及因本身质量带来的可能损失等因素设计了校准系统损失函数，并设计了测量系统的最佳校准周期和最佳调整界限。田口测量质量工程学根据具体问题，确定了校准分别采用基准点校准、基准点比例式校准以及线性式校准方式。

本书主要研究了质量损失函数的改进，主要结论如下：

第 1 章，主要介绍了本书的研究背景、目的和意义，并介绍了本书的研究内容、研究思路以及可能的创新点。

第 2 章，着重论述了该研究领域的国内外研究现状及发展概况，包括田口的质量观、田口方法的研究现状、质量损失函数的改进研究及应用现状、质量反馈控制系统的发展概况及其研究现状、质量测量系统的发展概况及其研究现状。

第 3 章，主要介绍了望目特性、望小特性和望大特性的典型质量损失函数，并结合实例对不同质量水平评价方法的差异进行了比较分析。

第 4 章，在分析田口质量损失函数的基础上，指出单纯通过二次项表示质量损失在望小特性和望大特性情况下是不妥当的。实际上，对于望小特性，总是有 $y_i > 0$，$\bar{y} > 0$，即质量特性值落在 0^+ 的某个小领域内，极小点(零质量特性点)不可能达到，因此不能一概把一次项都忽略；望大特性的情况也是如此，产品质量特性值 y_i 不会无限大，总是一个有限数，极大值点(无穷大)达不到，因此，不能一概把一次项损失都忽略。本书的研究得出了在不忽略一次项情况下的望小特性和望大特性的质量损失函数，同时结合望小特性和望大特性的模型研究了一次项系数和二次项系数的确定方法，并且对各种情形下的一次项损失和二次项损失进行了比较分析。结果证明，目前得到广泛认可的田口望小特性和望大特性质量损失函数只是一种特定情况下的损失函数。针对产品分等级的情况，本书设计了单纯计量值情形和百分比情形下的质量损失函数。此外，现有的望目特性质量损失函数是针对静态特性的，当信号因子调整时，目标值亦发生变化，静态质量损失函数就不适用了。本书在假定质量特性值与信号因子之间存在线性关系的基础上研究了单个动态特性的质量损失函数，其动态特性质量损失的期望只与误差方差有关，本书给出了误差方差的估计方法。对于多个动态特性的情况，本书提出其质量损失函数应该满足两个条件：一是对于每个质量特性，其质量损失函数的确定方式与单个质量特性情况一致；二是所有质量特性的波动损失应该为单个质量特性的损失之和，因为每个质量特性质量损失函数的量纲统一，所以可以对所有损失求和。并且针对实际问题进行了应用研究。

第5章，田口先生在考虑测量费用、调整费用以及失控品损失的基础上设计了反馈控制系统损失函数，并基于该损失函数确定了该反馈控制系统的最佳管理界限和最佳测量间隔。本书在深入探究田口质量反馈控制系统损失函数的基础上，指出失控品不一定都恰好处于管理线上、失控品和受控品的概率之和应该等于1等原反馈控制系统损失函数存在的问题，并提出改进后的反馈控制系统损失函数。同时本书还对改进前后的的损失函数进行了比较分析，并进行了针对实际问题的应用研究。

第6章，测量误差损失函数的改进和校准系统损失函数的改进。田口测量质量工程学对静态测量情况下测量误差损失函数进行了介绍，但实践中，被测量往往是动态变化的，本书的研究得出了动态测量情况下的测量误差损失函数。在评价测量系统特性时，有时是已知信号因子，也就是用几个标准物质测量来评价，但如果在工作现场，则可能用一些实物测量几次来评价测量系统的性能，也就是信号因子未知的情况。本书结合动态特性质量损失函数提出动态测量误差的期望损失只与测量误差方差有关，分别研究了已知信号因子和未知信号因子时测量误差方差的估计方法，并分别针对实际问题进行了应用研究。测量系统校准周期是计量领域长期研究的课题。20 世纪 60 年代，质量工程学家田口先生在其创建的测量质量工程学理论中研究了测量设备校准系统损失函数，田口先生通过确定合理的校准系统损失函数，运用最小二乘法，确定了测量设备最佳调整界限和最佳校准周期。本书在分析研究田口校准系统损失函数的基础上，结合反馈控制系统损失函数的改进情况得到了改进的校准系统损失函数，并且应用改进的校准系统损失函数对测量系统的最佳校准周期进行了设计，并进行了应用研究。

7.2 本书的创新之处

本书的创新点有：

(1)提出了改进的望小特性和望大特性的质量损失函数，尤其是给出了不能忽略一次项情况下，一次项系数和二次项系数的确定方法。

(2)提出了产品分等级情形下的质量损失函数，包括单纯计量值望目特性、望小特性、望大特性质量损失函数以及百分比特性的质量损失函数。

(3)提出了动态特性的质量损失函数，包括单个质量特性和多个质量特性两种情况，现有的望目特性质量损失函数主要针对产品质量特性值的目标值保持不变的情况，对于质量特性的目标值随信号因子的变化而变化的质量特性并不适用。

(4)提出了改进的反馈控制系统损失函数，并研究了基于改进的反馈控制系统损失函数的最佳管理界限、最佳测量间隔设计。

(5)提出了动态测量误差损失函数，包括已知信号因子(测量标准)和未知信号因子(测量实物)两种情况。

(6)提出了改进的校准系统损失函数，并研究了基于改进的校准系统损失函数的测量系统最佳校准周期设计。

7.3 研究不足及展望

本书在前人对田口方法研究的基础上进行了一定程度的探索，取得了一些研究成果。当然，有些内容还有待进一步深入研究：

(1)改进后的望小特性和望大特性质量损失函数应用于容差设计时，容差的确定方法研究；

(2)在对田口反馈控制系统损失函数进行改进研究时，产品质量特性值在管理界限内应该是服从正态分布，而作者近似其为均匀分布；

(3)在研究动态特性质量损失函数时，作者只研究了质量特性值与信号因子呈线性关系的情况，但实际中，有些质量特性值与信号因子不一定是线性关系；

(4)多个质量特性的损失函数主要是针对动态特性，今后将进一步研究混合多特性(包含望目特性、望小特性、望大特性和动态特性)的总质量损失模型。所有这些都将是作者今后进一步研究的方向。

鉴于作者水平有限，书中不妥之处在所难免，敬请各位专家、老师、同行及学友批评、指正，不吝赐教。

参考文献

[1] 田口玄一. 计量管理设计手册[M]. 上海:上海翻译出版公司,1989.

[2] 田口玄一. 实验设计法概论[M]. 北京:兵器工业出版社,1992.

[3] 田口玄一. 制造阶段的质量工程学[M]. 北京:兵器工业出版社,1992.

[4] 田口玄一. 品质工学的目的[J]. 标准化与品质管理,1997, 50(8): 74 -78.

[5] 田口玄一. 开发、设计阶段的质量工程学[M]. 北京:兵器工业出版社,1986.

[6] 韩之俊. 三次设计[M]. 北京:机械工业出版社,1992.

[7] 韩之俊,章渭基. 质量工程学[M]. 北京:科学出版社,1991.

[8] 韩之俊. 质量工程学—线外、线内质量管理[M]. 北京:科学出版社,1991.

[9] 韩之俊,靳京民. 测量质量工程学[M]. 北京:中国计量出版社,2000.

[10] Kackar R. Taguchi's quality philosophy: analysis and commentary [M]. Quality Control, Robust Design, and the Taguchi Method. Springer US, 1989.

[11] Philip B. Crosby. Quality Is Free: The Art of Making Quality Certain [M]. 1979.

[12] Jin B J, Park M H, Yun T J, et al. Optimization of Disk Laser Weld-

ing Parameters in Pure Ti Using Taguchi Method[J]. Journal of Welding and Joining, 2018, 36(1).

[13] Kurt H I, Oduncuoglu M, Yilmaz N F, et al. A Comparative Study on the Effect of Welding Parameters of Austenitic Stainless Steels Using Artificial Neural Network and Taguchi Approaches with ANOVA Analysis[J]. Metals—Open Access Metallurgy Journal, 2018, 8(5):326.

[14] Abdollahi A, Shamanian M, Golozar M A. Parametric Optimization of Pulsed Current Gas Arc Welding of Dissimilar Welding Between UNS 32750 and AISI 321 Based on Taguchi Method[J]. Transactions of the Indian Institute of Metals, 2017.

[15] Thakur A G, Nandedkar V M. Optimization of the Resistance Spot Welding Process of Galvanized Steel Sheet Using the Taguchi Method[J]. Arabian Journal for Science and Engineering, 2014, 39(2):1171-1176.

[16] Roozbehani B, Sakaki S A, Shishesaz M, et al. Taguchi method approach on catalytic degradation of polyethylene and polypropylene into gasoline[J]. Clean Technologies and Environmental Policy, 2015, 17(7):1873-1882.

[17] Song C, Chung J, Kim J H, et al. Design optimization of a drifter using the Taguchi method for efficient percussion drilling[J]. Journal of Mechanical Science and Technology, 2017, 31(4):1797-1803.

[18] Omidiji B V, Owolabi H A, Khan R H. Application of Taguchi's approach for obtaining mechanical properties and microstructures of evaporative pattern castings[J]. The International Journal of Advanced Manufacturing Technology, 2015, 79(1-4):461-468.

[19] Ferit F, Mesut D, Murat K. Optimization of tribological parameters for a brake pad using Taguchi design method[J]. Journal of the Brazilian Society of Mechanical Sciences and Engineering, 2014, 36(3):653-659.

[20] Ghasemian S, Rezaei K, Abedini R, et al. Investigation of different parameters on acrylamide production in the fried beef burger using Taguchi experimental design[J]. Journal of Food Science and Technology, 2014, 51(3):440-448.

[21] Lin B T, Yang C Y. Applying the Taguchi method to determine the influences of a microridge punch design on the deep drawing[J]. International Journal of Advanced Manufacturing Technology, 2016, 88(5-8):1-11.

[22] Mia M, Dey P R, Hossain M S, et al. Taguchi S/N based optimization of machining parameters for surface roughness, tool wear and material removal rate in hard turning under MQL cutting condition [J]. Measurement, 2018, 122:380-391.

[23] Chen J C, Li Y, Cox R A. Taguchi-based Six Sigma approach to optimize plasma cutting process: an industrial case study[J]. International Journal of Advanced Manufacturing Technology, 2009,

41(7 -8):760-769.

[24] Kirby E D, Zhang Z, Chen J C, et al. Optimizing surface finish in a turning operation using the Taguchi parameter design method[J]. International Journal of Advanced Manufacturing Technology, 2006, 30(11 -12):1021-1029.

[25] Yadav, Nath R. A hybrid approach of Taguchi - Response Surface Methodology for modeling and optimization of Duplex Turning process [J]. Measurement, 2017, 100:131-138.

[26] 黄自兴. 稳健性设计技术——综述[J]. 化学工业与工程技术,1996 (02):11-13.

[27] 孙鹏. 稳健设计方法及其在火箭发动机结构设计中的应用[D]. 西北工业大学,2006.

[28] 薛跃,盛党红,朱立峰,韩之俊. 田口式测量质量工程学与传统 MSA 的比较分析[J]. 系统工程理论与实践,2006(08):76-80.

[29] 毛祥东,赵众. 应用田口方法的利与弊[J]. 石油工业技术监督,1998 (02):24-25.

[30] 陈学军. 田口方法的思想与原理[J]. 电子产品可靠性与环境试验, 1995,2:34-37.

[31] 苏强. 田口质量理论及其在产品质量优化中的应用[J]. 标准化与质量管理,1998,(11):8-11.

[32] 徐哲,王晶. 基于波动的质量损失浪费机理分析[J]. 科研管理,2005 (04):122-128.

[33] 牛勇,袁泉,侯郁. 田口方法近年来的发展——稳健性技术开发[J]. 农

机化研究,2001,(1):33-37.

[34] 李佳翔,韩之俊.基于田口方法的小批量生产过程控制[J].工业工程与管理,2009,14(01):31-35.

[35] 王更新,韩之俊.望大特性与望小特性的质量损失与信噪比的关系[J].机械科学与技术,2000(02):236-238.

[36] 郑称德.质量工程学的新进展[J].科技进步与对策,2002,(2):101-103.

[37] 赵众.田口的质量观及其质量工程学[J].江汉石油学院学报,1995,17(2):91-98.

[38] 李昭阳,韩之俊.一种新的判别预测方法——马田系统(MTS)[J].管理工程学报,2000(02):54-55.

[39] 何桢,韩亚娟,李菊栋.马氏田口两种不同方法的比较研究[J].中国卫生统计,2007,24(5):531-535.

[40] 牛俊磊,程龙生.基于全方位优化算法的改进马田系统分类方法[J].系统工程理论与实践,2012,32(06):1324-1336.

[41] 牛俊磊,程龙生.一种基于改进马田系统的不平衡数据分类方法[J].管理工程学报,2012,26(02):85-93.

[42] 宋立斌.基于马氏田口方法的产品关键质量特性识别研究[D].天津大学,2010.

[43] 马丽莎,茅健.基于熵权法和马氏田口法的关键质量特性识别研究[J].轻工机械,2017,35(04):101-105.

[44] 常志朋,程龙生,刘家树.基于马田系统与 TOPSIS 的区间数多属性决策方法[J].系统工程理论与实践,2014,34(01):168-175.

[45] 牛俊磊，程龙生. 采用优化模型指标筛选的马田系统综合评价方法研究[J]. 数学的实践与认识，2015，45(17)：1-12.

[46] 丁兆国，金青，张忠. 基于马田系统的服务业企业质量竞争力模型构建与评价[J]. 商业时代，2013(04)：89-91.

[47] 叶芳羽，单汨源，韩之俊，周义军. 基于马田系统与数据包络分析的工业运行质量评价研究[J]. 管理学报，2018，15(05)：767-773.

[48] 王伟. 基于 QFD 与田口方法的设计质量管理方法的应用研究[D]. 沈阳工业大学，2006.

[49] 周亮，韩玉启，魏世振. 田口方法与 QFD 的综合应用研究[J]. 科技进步与对策，2003，20(02)：24-25.

[50] 孙玲玲. 基于 QFD 和 DOE 的产品优化设计研究[D]. 浙江大学，2011.

[51] 马彦辉，何桢. 基于 QFD、TRIZ 和 DOE 的 DFSS 集成模式研究[J]. 组合机床与自动化加工技术，2007(01)：17-20.

[52] 赵新军. 设计质量创新——QFD、TRIZ 和田口方法的集成应用[J]. 工程设计学报，2004(04)：169-173.

[53] 石贵龙，佘元冠. 基于 QFD、TRIZ 和田口方法的问题解决理论研究[J]. 系统工程与电子技术，2008(05)：851-857.

[54] Chen W C, Nguyen M H, Chiu W H, et al. Optimization of the plastic injection molding process using the Taguchi method, RSM, and hybrid GA - PSO[J]. International Journal of Advanced Manufacturing Technology, 2016, 83(9 - 12)：1-14.

[55] Mia, Mozammel. Mathematical modeling and optimization of MQL

assisted end milling characteristics based on RSM and Taguchi method[J]. Measurement, 2018:S0263224118301106.

[56] 何桢,潘越,刘子先,张生虎. 因子试验、RSM 与田口方法的比较研究[J]. 机械设计,1999(11):1-4 +49.

[57] 何桢,张生虎,齐二石. 结合 RSM 和田口方法改进产品/过程质量[J]. 管理工程学报,2001(01):22-25 +3.

[58] 朱飞宇. 基于 BP 神经网络的动态稳健参数设计[J]. 数学的实践与认识,2014,44(21):218-227.

[59] Jung J R, Yum B J. Artificial neural network based approach for dynamic parameter design[J]. Expert Systems with Applications, 2011, 38(1):504-510.

[60] 朱飞宇. 基于 BP 神经网络的动态稳健参数设计[J]. 数学的实践与认识, 2014, 44(21):218-227.

[61] 久富,王宁生,王凤岐. 人工神经网络在三次设计中的应用研究[J]. 机械制造,2002(07):33-34.

[62] 聂利颖,张志鸿. 一种基于田口-遗传算法确定的神经网络及其应用[J]. 计算机应用与软件,2009,26(04):217-219.

[63] Ouyang K, Wu H W, Huang S C, et al. Optimum parameter design for performance of methanol steam reformer combining Taguchi method with artificial neural network and genetic algorithm[J]. Energy, 2017, 138.

[64] Ho W H, Tsai J T, Chou J H, et al. Intelligent Hybrid Taguchi - Genetic Algorithm for Multi - Criteria Optimization of Shaft Alignment in

Marine Vessels[J]. IEEE Access, 2017, 4:2304-2313.

[65] Chatsirirungruang P. Application of genetic algorithm and Taguchi method in dynamic robust parameter design for unknown problems [J]. International Journal of Advanced Manufacturing Technology, 2010, 47(9-12):993-1002.

[66] Candan G, Yazgan H R. Genetic algorithm parameter optimisation using Taguchi method for a flexible manufacturing system scheduling problem [J]. International Journal of Production Research, 2015, 53(3):897-915.

[67] Costa D M D, Belinato G, Tarcísio G. Brito, et al. Weighted principal component analysis combined with Taguchi's signal-to-noise ratio to the multiobjective optimization of dry end milling process: a comparative study[J]. Journal of the Brazilian Society of Mechanical Sciences and Engineering, 2016, 39(5):1-19.

[68] Korucu H, Simsek B, Yarta A. A TOPSIS-Based Taguchi Design to Investigate Optimum Mixture Proportions of Graphene Oxide Powder Synthesized by Hummers Method[J]. Arabian Journal for Science and Engineering, 2018, 43(3):1-23.

[69] Kalayarasan M, Murali M. Optimization of Process Parameters in EDM Using Taguchi Method with Grey Relational Analysis and Topsis for Ceramic Composites[J]. International Journal of Engineering Research in Africa, 2016, 22:83-93.

[70] Simsek B, Uygunoğlu T. Multi-response optimization of polymer

blended concrete: A TOPSIS based Taguchi application[J]. Construction and Building Materials, 2016, 117:251-262.

[71] Kumar P N, Rajadurai A, Muthuramalingam T. Multi - Response Optimization on Mechanical Properties of Silica Fly Ash Filled Polyester Composites Using Taguchi - Grey Relational Analysis[J]. Silicon, 2018(3):1-7.

[72] Lee S H, Lee S. Using an Optimized Calendering Process with a Grey - Based Taguchi Method to Enhance the Performance of a Printed OTFT[J]. Science of Advanced Materials, 2018.

[73] Celik N, Turgut E, Yildiz S, et al. Applying Taguchi and Grey relational methods to a heat exchanger with coil springs[J]. Taguchi and Grey Relational Methods, 2014.

[74] Zhang Yue -yi, Han Zhi -jun. The Application of Control Chart in the Measurement System Analysis[J], International Journal of Business and Management, 2009,(4):110-114.

[75] K. M. Tay, C. Butler. Methodologies for Experimental Design: A Survey, Comparison and Future Predictions[J]. Quality Engineering, 1999,11(3):343-356

[76] R. H. Myers. Response Surface Methodology - Current Status and Future Directions[J]. Journal of Quality Technology, 1999,31(1): 30-74.

[77] A. C. Shoemaker, K. L. Tsui, C. F. J. Wu. Economical Experimentation Methods for Robust Design[J]. Techno metrics, 1991, 33:

415-418.

[78] 刘婷,赵延明,刘德顺,柳乔,李亮.基于价格的产品质量损失建模与分析[J].湖南科技大学学报(自然科学版),2013,28(02):33-38.

[79] 武俊芳.浅谈对稳健设计中质量损失函数的改进[J].内蒙古科技与经济,2005(18):98-99.

[80] 张根保,刘帅帅,张鹏,任显林.质量损失拓展模型及其经济性分析[J].中国机械工程,2009,20(17):2094-2099.

[81] 王建军,张晟义.质量损失的成因分析及估算[J].青海大学学报(自然科学版),1998,16(6):40-42.

[82] 徐兴忠.损失函数的选择[J].应用概率统计,1994,10(2):183-190.

[83] 李跃波,周树民.一种新的损失函数[J].武汉工业大学学报,1999,21(4):86-94.

[84] 樊树海,肖田元,孙浩等.多元产品质量损失模型的建立与仿真[J].工业工程与管理,2008,(2):15-18.

[85] 王伯平,张会,景大英.分段曲线质量损失模型的研究[J].农业机械学报,2007(02):150-152+137.

[86] 赵延明,刘德顺,张俊,柳乔.面向多质量特征的产品质量损失成本模型及其应用[J].中南大学学报(自然科学版),2012,43(05):1753-1763.

[87] 曹衍龙,杨将新,吴昭同,应义斌,王移风.模糊质量损失模型的建立与应用[J].农业机械学报,2004(04):132-135.

[88] 邹旺.基于模糊质量损失的公差稳健设计研究[D].浙江大学,2008.

[89] NoelArtiles - León. A Pragmatic Approach to Multiple - Response

Problems Using Loss Functions[J]. Quality Engineering, 1996, 9(2):8.

[90] 徐济超，马义中. 多指标稳健设计质量特性的度量[J]. 系统工程理论与实践, 1999,(8):45-48.

[91] 马义中等. 改进的多变量质量损失函数及其实证分析[J]. 系统工程，2002,20 (4):54-58.

[92] 魏世振，韩玉启，陈传明. 基于信噪比的多元质量损失函数研究[J]. 管理工程学报,2002,(4):4-7.

[93] 张晶，黄美发，钏艳如等. 基于信噪比多元质量损失和制造成本的并行公差设计[J]. 现代制造工程,2006,(1):10-13.

[94] Antony J. Simultaneous Optimisation of Multiple Quality Characteristics in Manufacturing Processes Using Taguchi's Quality Loss Function[J]. International Journal of Advanced Manufacturing Technology, 2001, 17(2):134-138.

[95] Pignatiellojr J. Strategies for Robust Multiple - Response Quality Engineering[J]. AII ETransactions,1993,25(3):11.

[96] Elsayed E A, Chen A. Optimal levels of process parameters for products with multiple characteristics[J]. International Journal of Production Research, 1993, 31(5):1117-1132.

[97] W. M. Chan, R. N. Ibrahim, Evaluating the quality level of a product with multiple quality characteristics, [J]. Int J Adv Manuf Technol, 2004, 24: 738-742.

[98] 王军平，陶华，李建军. 一种建立多参数质量损失模型的数学方法[J].

西北工业大学学报,2001,19(3):390-393.

[99] Wu F C. Optimisation of Multiple Quality Characteristics Based on Percentage Reduction of Taguchi's Quality Loss[J]. International Journal of Advanced Manufacturing Technology, 2002, 20(10): 749-753.

[100] Linda Lee Ho. Roberto C Quinino. Optimum mean location in a poor-capability process[J]. Quality Engineering, 2003, 16(2): 257-263.

[101] Wu C C, Tang G R. Tolerance design for products with asymmetric quality losses[J]. International Journal of Production Research, 1998, 36(9):2529-2541.

[102] Jin Q, Liu S G. Research of Asymmetric Quality Loss Function with Triangular Distribution[J]. Advanced Materials Research, 2013, 655-657:2331-2334.

[103] Zhang J, Li W, Wang K, et al. Process adjustment with an asymmetric quality loss function[J]. Journal of Manufacturing Systems, 2014, 33(1):159-165.

[104] 陈湘来,韩之俊,张斌. 非对称损失函数的质量特性值优化选择[J]. 工业工程,2008(03):24-26.

[105] 倪自银,魏世振,韩玉启. 基于非对称损失的过程均值设计研究[J]. 运筹与管理,2004,13(3):126-131.

[106] 潘尔顺,李庆国. 田口损失函数的改进及在最佳经济生产批量中应用[J]. 上海交通大学学报,2005,39(7):1119-1122.

[107] 程岩,吴喜之.基于非对称损失函数的参数设计[J].应用概率统计,2005,21(4):443-448.

[108] 李春萍,郝会兵,胡家喜.非对称绝对线性损失下正太总体的参数设计[J].数理统计与管理,2010,29(1):102-107.

[109] 张斌,韩之俊,汤阳.基于质量损失函数的最优过程均值和质量投资决策[J].统计与决策,2008,18:33-34.

[110] C. H. Chen, C.-Y. Chou, Determining the Optimum Manufacturing Target Based on an Asymmetric Quality Loss Function [J]. Int J Adv Manuf Technol, 2003,(3): 193-195.

[111] Chung-ho Chen, Chao-Yu Chou, Set the Optimum Process Parameters Based on Asymmetric Quality Loss Function [J]. Quality and Quantity, 2004, 38: 75-79.

[112] Chung-ho Chen, Chao-Yu Chou, Determining a One-Sided Optimum Specification Limit under the Linear Quality Loss Function [J]. Quality and Quantity, 2005, 39: 109-117.

[113] YEN-CHANG CHANG, WEN-LIANG HUNG, LINEX Loss Functions with Applications to Determining the Optimum Process Parameters [J]. Quality and Quantity, 2007, 41: 291-301.

[114] Kapur K. AN APPROACH FOR DEVELOPMENT OF SPECIFICATIONS FOR QUALITY IMPROVEMENT [J]. Quality Engineering, 1988, 1(1):15.

[115] Kapur K, BYUNG-RAECHO. ECONOMIC DESIGN AND DEVELOPMENT OF SPECIFICATIONS [J]. Quality Engineering, 1994, 6

(3):17.

[116] Kapur K, BYUNG - RAECHO. Economic design of the specification region for multiple quality characteristics[J]. A I I E Transactions, 1996, 28(3):237-248.

[117] Wen, D. , Mergen, A. E. Running a process with poor capability [J]. Quality Engineering, 1999, 11:505-509.

[118] Dan T. Statistical Quality Control[J]. Technometrics, 1945, 44 (4):397-398.

[119] Chen C H, Chou C Y. Determining the Optimum Process Mean of a One - Sided Specification Limit [J]. International Journal of Advanced Manufacturing Technology, 2002, 20(6):439-441.

[120] Chen C H. Determining the optimum process mean of a one - sided specification limit with the linear quality loss function of product [J]. Journal of Applied Statistics, 2004, 31(6):693-703.

[121] Rahim M A, Al - Sultan K S. Joint determination of the target mean and variance of a process [J]. Journal of Quality Maintenance Engineering, 2000, 6(3):192-199.

[122] Min - Koo Lee, Sang - Boo Kim, Hyuck - Moo Kwon. Economic selection of mean value for a filling process under quadratic quality loss[J]. International Journal of Reliability, Quality and Safety Engineering, 2004, 11(1):81-90.

[123] Jirarat Teeravaraprug, Byung Rae Cho. Designing the optimal process target levels for multiple quality characteristics[J]. Inter-

national Journal of Production Research,2002,40(1):37-54.

[124] A. Jeang. Tolerance chart optimization for quality and cost[J]. International Journal of Production Research, 1998, 36 (11): 2969-2983.

[125] 匡兵,黄美发,钟艳如,张晶. 基于统计公差和质量损失的公差设计[J]. 系统仿真学报,2006(S2):526 -528 +532.

[126] Li M H C. Unbalanced tolerance design and manufacturing setting with asymmetrical linear loss function[J]. The International Journal of Advanced Manufacturing Technology, 2002, 20(5): 334-340.

[127] Khaw J F C, Lim B S, Lim L E N. Optimal design of neural networks using the Taguchi method [J]. Neurocomputing, 1995, 7(3):225-245.

[128] Yacout S, Boudreau J. Assessment of quality activities using Taguchi' loss function[J]. Computers and Industrial Engineering, 1998, 35(1-2):229-232.

[129] 俞磊,孙学静,刘飞. 基于反馈调整的自相关过程质量损失分析[J]. 控制工程,2008,15(3):273-278.

[130] 徐会作. 基于田口损失函数方法的控制图经济模型[J]. 科技信息(学术研究),2008(27):86.

[131] Yu F J, Chen H K. Economic -Statistical Design of X -bar Control Charts Using Taguchi Loss Functions[J]. IFAC Proceedings Volumes, 2009, 42(4):1719-1723.

[132] 林琳,吴成锋. 基于田口质量损失函数的 SEA 模型研究[J]. 价值工

程,2007,(7):96-98.

[133] Yao Y Y, Zhao L P, Shao G Q, et al. Method and Application of Multistage Machining Quality Control Based on Minimum Overall Mean Quality Loss [J]. Advanced Materials Research, 2011, 213:557-561.

[134] Wei - Ning Pi, Chinyao Low. Supplier evalution and selection using Taguchi loss functions [J]. Int J Adv Manuf Technol, 2005, 26: 155-160.

[135] Wei -Ning Pi, Chinyao Low. Supplier evaluation and selection via Taguchi loss functions and an AHP [J]. Int J Adv Manuf Technol, 2006, 27: 625-630.

[136] 冯怡. 质量损失理论在供应商选择中的应用[J]. 上海轻工业,2005,(3):24-26.

[137] 石贵龙,佘元冠. 基于 QFD、TRIZ 和田口方法的问题解决理论研究[J]. 系统工程与电子技术,2008(05):851-857.

[138] Chen C H, Kao H S. The determination of optimum process mean and screening limits based on quality loss function[J]. Expert Systems with Applications, 2009, 36(3):7332-7335.

[139] 匡芬,戴伟,陈亮,赵宇. 基于质量损失的加工过程可靠性评估方法[J]. 计算机集成制造系统,2015,21(06):1571-1578.

[140] Sharma S K, Kumar V. Optimal selection of third -party logistics service providers using quality function deployment and Taguchi loss function[J]. Benchmarking, 2015, 22(7):1281-1300.

[141] Yoon Y J, Kim H, Yoo T J. Modified Loss Function for the Quality Management in Service Industry [J]. Advanced Science Letters, 2017.

[142] Chryssolouris G. Manufacturing systems: theory and practice[M]. Springer-Verlag,1992.

[143] Arimoto S, Ohashi T, Ikeda M, et al. Development of Machining-Producibility Evaluation Method (MEM)[J]. CIRP Annals - Manufacturing Technology, 1993, 42(1):119-122.

[144] 刘飞，孙棣华. 制造系统决策框架模型及其功能作用[J]. 计算机集成制造系统，1995(2):20-23.

[145] 刘飞等. 制造系统工程[M]. 北京:国防工业出版社,1995.

[146] Box G, Luceño A. Discrete Proportional-Integral Adjustment and Statistical Process Control [J]. Journal of Quality Technology, 1997, 29(3):248-260.

[147] Tirthankar Dasgupta, N. R. Sarkar, K. G. Tamankar. Using Taguchi methods to improve a control scheme by adjustment of changeable settings: A case study[J]. Total Quality Management, 2002, 13(6):863-876.

[148] Dasgupta T, Wu C F J. Robust Parameter Design With Feedback Control[J]. Technometrics, 2006, 48(3):349-360.

[149] 郭钧，郭顺生. 制造企业工序质量控制系统的研究与开发[J]. 机械制造，2008, 46(3):48-50.

[150] Islam S, Liu P X. Robust Adaptive Fuzzy Output Feedback Control

System for Robot Manipulators[J]. IEEE/ASME Transactions on Mechatronics, 2011, 16(2):288-296.

[151] Shewhart W A. Economic control of quality of manufacture product [M]. D. Van Nostrand Company, Inc.. 1931.

[152] Alwan L, Roberts H. Time -Series Modeling for Statistical Process Control[J]. Journal of Business and Economic Statistics, 1988, 6(1):87-95.

[153] Harris T J, Ross W H. Statistical process control procedures for correlated observations[J]. The Canadian Journal of Chemical Engineering, 1991, 69(1):48-57.

[154] Macgregor J F, Kourti T. Statistical process control of multivariate processes[J]. Control Eng Practice, 1995, 3(3):403-414.

[155] Kourti T, Lee J, Macgregor J F. Experiences with industrial applications of projection methods for multivariate statistical process control[J]. Computers and Chemical Engineering, 1996, 20(96):S745 - S750.

[156] Bersimis S, Psarakis S, Panaretos J. Multivariate Statistical Process Control Charts: An Overview[J]. Quality and Reliability Engineering International, 2007, 23(5):517-543.

[157] AlbertoFerrer. Latent Structures - Based Multivariate Statistical Process Control: A Paradigm Shift[J]. Quality Engineering, 2014, 26(1):72-91.

[158] Grigg, Nigel P. Statistical process control in UK food production:

an overview[J]. International Journal of Quality and Reliability Management, 1998, 15(2):223-238.

[159] Thor J, Lundberg J, Ask J, et al. Application of statistical process control in healthcare improvement: systematic review[J]. Quality and Safety in Health Care, 2007, 16(5):387-399.

[160] Kourti T, MacGregor J F. Process analysis, monitoring and diagnosis, using multivariate projection methods[J]. Chemom Intell Lab Syst, 1995, 28(1):3-21.

[161] Isermann R, Füssel D. Supervision, Fault - Detection and Fault - Diagnosis Methods[J]. Control Engineering Practice, 1997, 5(5):639-652.

[162] Yoon S, Macgregor J F. Fault diagnosis with multivariate statistical models part I: using steady state fault signatures[J]. Journal of Process Control, 2001, 11(4):387-400.

[163] Sang W C, Lee I B. Multiblock PLS - based localized process diagnosis[J]. Journal of Process Control, 2005, 15(3):295-306.

[164] Dodge H F, Romig H G. A Method of Sampling Inspection[J]. Bell Labs Technical Journal, 2013, 8(4):613-631.

[165] Dodge H F, Romig H G. Single sampling and double sampling inspection tables[J]. Bell System Technical Journal, 2013, 20(1):1 -61.

[166] Hald A. Bayesian Single Sampling Attribute Plans for Continuous Prior Distributions[J]. Technometrics, 1968, 10(4):667-683.

[167] Hald A. Statistical Theory of Sampling Inspection by Attributes [M]. Statistical theory of sampling inspection by attributes, 1981.

[168] Feigenbaum A V. Quality control: principles, practice and administration: an industrial management tool for improving product quality and design and for reducing operating costs and losses [M]. McGraw－Hill,1951.

[169] Feigenbaum A V. Total quality control [J]. Harvard Business Review,1956,34(6):93－101.

[170] Feigenbaum A V. Total quality control[M]. Total quality control. 1991.

[171] Burgess T F. Modelling quality－cost dynamics[J]. International Journal of Quality and Reliability Management, 1996, 13(3): 8－26.

[172] Fitzroy P T, Shah R, Kumar K. A review of quality cost surveys [J]. Total Quality Management, 1998, 9(6):479－486.

[173] Omachonu V K, Suthummanon S, Einspruch N G. The relationship between quality and quality cost for a manufacturing company [J]. International Journal of Quality and Reliability Management, 2004, 21(3):277－290.

[174] Schiffauerova A, Thomson V. A review of research on cost of quality models and best practices[J]. International Journal of Quality and Reliability Management, 2006, 23(6):647－669(23).

[175] 蒋钧钧，赵妙霞，郑玉巧. 工序控制方法中工序的诊断调节及技术经

济分析[J].甘肃科学学报，2005，17(3):72-75.

[176] 徐兰，韩之俊.基于质量损失函数的过程诊断周期的确定[J].工业工程，2007，10(6):138-140.

[177] Gong S W. Weighted Monte - Carlo experimental measurement and integrated data treatment[J]. Measurement, 2004, 36(2):143-153.

[178] Weise K, Wöger W. A Bayesian theory of measurement uncertainty [J]. Measurement Science and Technology, 1993, 4(1):1-11.

[179] Weise K, Wöger W. Removing model and data non - conformity in measurement evaluation[J]. Measurement Science and Technology, 2000, 11(12):1649-1658.

[180] Tuninsky V, Wöger W. Prior information in product - ratio measurements [M]. IMEKO, 2000.

[181] Tuninsky V, Wöger W. Bayesian approach to recalibration[J]. Metrologia, 1997, 34(34):459.

[182] Lira I, Wöger W. Bayesian evaluation of the standard uncertainty and coverage probability in a simple measurement model[J]. Measurement Science and Technology, 2001, 12(8):1172-1179.

[183] Giulio D. Agostini. Bayesian reasoning in data analysis[J]. World Scientific Publishing CO. ,2003,(6):250-280.

[184] Barford L. Sequential Bayesian bit error rate measurement[J]. IEEE Transactions on Instrumentation and Measurement, 2004, 53(4):947-954.

[185] Kyriazis G A, De Campos M L R. Bayesian inference of linear sine-fitting parameters from integrating digital voltmeter data [J]. Measurement Science and Technology, 2004, 15(2):337-346.

[186] Cordero R R, Roth P. Assigning probability density functions in a context of information shortage[J]. Metrologia, 2004, 41(4): L22-L25.

[187] Nuland Y V. Do you have doubts about the measurement Result, too? [J]. Quality Engineering, 1993, 6(1):99-133.

[188] Abraham B. Control charts and measurement error [J]. ASQC Technical Conference Transactions, 1977,31(2):370-374.

[189] Kanazuka T. The effect of measurement error on the power of X-bar R charts [J]. Journal of Quality Technology, 1986, 18 (1):91-95.

[190] Mittag H J, Stemann D. Gauge imprecision effect on the performance of the X-S control chart[J]. Journal of Applied Statistics, 1998, 25(3):11.

[191] Steiner S H. Statistical Process Control Using Two Measurement Systems[J]. Technometrics, 2000, 42(2):178-187.

[192] Hong S H, Elsayed E A. The optimum mean for processes with normally distributed measurement error [J]. Journal of Quality Technology,1999, 31(3):338-344.

[193] 王立吉. 测量误差与不确定度表述中的若干问题[J]. 计量学报, 1998, 19(2):157-160.

[194] Stuckman B E, Perttunen C D, Usher J S, et al. Stochastic modeling of calibration drift in electrical meters[C]. IEEE Instrumentation and Measurement Technology Conference. IEEE, 1991.

[195] Morris A S. Measurement and Calibration for Quality Assurance [M]. Englewood Cliffs, NJ: Prentice - Hall, 1991.

[196] Bobbio A, Tavella P, Montefusco A, et al. Monitoring the calibration status of a measuring instrument by a stochastic model[J]. IEEE Transactions on Instrumentation and Measurement, 1997, 46(4):747-751.

[197] 余学锋，钱成，文海. 测量仪器校准间隔的确定及其模型[J]. 计量学报，2002，23(1):74-77.

[198] 刘书庆，唐家驹. 计量器具检定周期定量确定方法的探讨[J]. 计量技术，1994(1):27-29.

[199] Carbone P. Performance of simple response method for the establishment and adjustment of calibration intervals[J]. IEEE Transactions on Instrumentation and Measurement, 2004, 53(3): 730-735.

[200] Lin K H, Liu B D. A gray system modeling approach to the prediction of calibration intervals[J]. IEEE Transactions on Instrumentation and Measurement, 2005, 54(1):297-304.

[201] 孙群，孟晓风，王国华. 基于等维新息灰色马尔可夫模型的校准间隔预测[J]. 传感技术学报，2007，20(5):1095-1099.

[202] 孙群，赵颖，孟晓风. 基于新陈代谢 GM(1,1) 模型的校准间隔预测

[J]. 测试技术学报, 2007, 21(3):232-235.

[203] 赵瑞贤, 孟晓风, 王国华. 基于灰色马尔柯夫预测的测量仪器校准间隔动态优化[J]. 计量学报, 2007, 28(2):184-187.

[204] 李华超, 陈春俊. 截尾漂移曲线法调整非强制计量器具的检定周期[J]. 计量技术, 2007(10):52-53.

[205] 苏海涛, 杨世元, 董华等. 计量器具检定周期灰色动态模型及应用研究[J]. 应用科学学报, 2007, 25(1):81-84.

[206] 朱立锋, 韩之俊, 赵宇. 用田口方法推断仪器的校准公式及测量不确定度[J]. 信息化研究, 2003, 29(7):45-47.

[207] 赵宇, 陈松涛. 用田口方法推断校准仪器的测量不确定度[J]. 电子测量与仪器学报, 2005, 19(2):37-40.

[208] 朱立锋, 薛跃, 韩之俊. 基于质量损失函数的仪器最佳校准周期的确定[J]. 信息化研究, 2005, 31(8):15-17.

[209] 张月义,宋明顺,韩之俊. 不忽略一次项损失时望大特性质量损失函数设计[J]. 数理统计与管理,2013,32(03):486-491.

[210] 张月义,宋明顺,韩之俊,陈湘来. 不忽略一次项损失时望小特性质量损失函数设计[J]. 工业工程,2011,14(06):81-83 +89.

[211] 张月义, 宋明顺, 韩之俊. 动态特性质量损失函数研究[J]. 中国质量, 2010(3):92-94.

[212] Zhang YY, Li LX, Song MS, et al. Optimal tolerance design of hierarchical products based on quality loss function[J]. Journal of Intelligent Manufacturing, 2016.

[213] Zhang YY, Li LX, Chen TY, et al. Optimization of Taguchi's

on-line quality feedback control system[J]. Proceedings of the Institution of Mechanical Engineers, Part B: Journal of Engineering Manufacture, 2017, 231(12):2173-2183.

[214] 张月义，宋明顺，韩之俊. 动态测量误差损失函数研究[J]. 统计与决策，2011(14):25-27.

[215] 张月义，韩之俊，宋明顺. 田口校准系统损失函数的改进及其应用[J]. 仪器仪表学报，2009，30(10):2232-2236.

后记

经过两年多艰辛的努力，《质量工程学理论基础——质量损失函数理论、方法与应用》终于出版。10 多年前，我攻读博士研究生时，就选择了田口方法作为重点研究方向，其后不断地对田口方法的理论进行探索和研究，先后在国内外相关刊物上发表质量损失函数相关论文 10 余篇，并把质量损失函数相关理论应用到实践中，不断补充、完善与升华自己所学的理论，积极拓展质量工程学理论基础和质量损失函数理论。

本书是我在南京理工大学获得博士学位论文的基础上编写而成的，在整理、修正、准备出版的时候，攻读博士学位与写作博士论文的过程又浮现于脑海之中。此时此刻，内心充满感激之情。感谢我的导师韩之俊教授，导师严谨的学术风范深深影响了我，导师的严格与耐心、启发与引导、鞭策与鼓励一直激励着我，导师的指导与教诲使我终身受益。不仅如此，韩老师还为我今后的科学研究指明了方向，在恩师的指导下，我对质量管理领域有了更深入的了解，不仅学业增长不少，科学研究能力也得到提高。在攻读博士学位期间，我得到了南京理工大学经济管理学院程龙生、宋华明、许前等老师的帮助，感谢他们对我的培养和教育。

在本书写作阶段，本人多次与中国计量大学宋明顺教授、胡静副教授、方兴华老师、邓钰佳老师就书稿的内容进行讨论和交流，他们也提出了不少有价值的建议，在此表示感谢！

还要感谢我的父母，他们省吃俭用供我上学，没有他们对我的培养，就没有我的今天，感谢他们的养育之恩。

还要特别感谢我的妻子和女儿，在我由于各种原因陷入低谷时，她们一直激励着我。每次看到女儿调皮可爱的笑脸，使我重新有了战胜困难的决心和勇气。尤其是我的妻子，在我攻读博士学位和撰写书稿期间，她是我最坚实的后盾，承担了家庭重担和教育女儿的重任，使我能够把精力放在学业和工作上。对她致以深深的感谢和崇高的敬意，祝愿我所取得的成绩能够给她和女儿带来快乐。

最后，在本书撰写过程中，尤其是在文献检索、校对错误等方面，我的学生也付出了艰辛的努力，他们是陈太义、李理想、景娜、周涵婷、应靖鸿、虞岚婷等，在此表示感谢！

回顾书稿写作和修改的整个经历，从搜集资料到梳理归纳、从结构设计到细节考究、从逻辑推敲到行文调整，每一个环节都渗透着思考的艰辛和求知的探索，正是这种艰辛和探索，使我前所未有地感受到“学无止境”，这将鞭策自己在学术道路上不忘初心，继续前行。

最后，要特别感谢国家社科基金的资助，感谢中国质量标准出版传媒有限公司（中国标准出版社）的编辑付出的辛勤劳动。

由于作者水平有限，书中不足之处在所难免，恳请读者批评指正。

张月义

2019 年 4 月